微表情

心理学 入门

解读微表情，揭开他人神秘的面纱

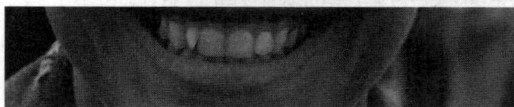

刘丁晨 著

北京时代华文书局

图书在版编目（CIP）数据

微表情心理学：入门 / 刘丁晨著. —— 北京：北京时代华文书局，2019.10
（2019.12重印）

ISBN 978-7-5699-3193-8

Ⅰ．①微… Ⅱ．①刘… Ⅲ．①表情－心理学－通俗读物 Ⅳ．①B842.6-49

中国版本图书馆 CIP 数据核字（2019）第 209770 号

微表情心理学·入门
WEI BIAOQING XINLI XUE · RUMEN

著　　者｜刘丁晨

出 版 人｜王训海
选题策划｜王　生
责任编辑｜周连杰
封面设计｜乔景香
责任印制｜刘　银

出版发行｜北京时代华文书局 http://www.bjsdsj.com.cn
　　　　　北京市东城区安定门外大街136号皇城国际大厦A座8楼
　　　　　邮编：100011　电话：010-64267955　64267677
印　　刷｜三河市金泰源印务有限公司　电话：0316-3223899
　　　　　（如发现印装质量问题，请与印刷厂联系调换）
开　　本｜889mm×1194mm　1/32　印　张｜6　字　数｜123千字
版　　次｜2019 年 10 月第 1 版　印　次｜2019 年 12 月第 2 次印刷
书　　号｜ISBN 978-7-5699-3193-8
定　　价｜38.00元

··· 前言 ···

在识人方面，古代学者们给了我们许多告诫，比如说"人不可貌相""不能以貌取人"……的确，我们不能因为一个人的相貌就匆忙地将其定性，还需要进一步地观察和了解。经过心理学家和行为学专家多年的研究和分析，表明人的相貌、脸上的微表情、身体上的小动作实际上都能够透露出这个人的情绪、性格、个性等方面的特征，因此在掌握了正确的方法以后，"以貌取人"也是可取的。

有些人的口头禅是"老实说""真的"，那么这个人是真老实还是假实在？一个平时沉默寡言的人突然变得健谈，这是什么原因？咬嘴唇、摸下巴、抖腿脚，这些小动作又代表着什么？对一个双手抱臂的人讲话，为什么他几乎一句也听不进去？诸如此类的问题是不是也困扰你很久了？其实这些现象表现出的种种细节，都是人的内心在潜意识中发出的信号。这些信号关系着双方的交谈、沟通，因此对于这些信号的解读，就显得尤为重要。

人恐怕是这个世界上最难懂的了，而人"心"更是让人匪夷所思，有时候你绞尽脑汁也不知道爱人在想什么？客户需要什么？那个人在想什么？每个人都会有这样或那样的伪装，很难会把自己的真实想法毫无保留地说出来，但是不可否认，人们往往会做出一些细小的动作或者表情来表达自己的情绪，或有意或无意，这就需要你细心地观察和分析了，往往这些微表情表情能够帮助你解开对方的心理密码。

无论是在工作场合还是在日常生活中，相互了解是人际交往的基础。这样，准确地察觉到对方的真正意图就显得尤为重要，因为这样不仅能够帮你节约时间、金钱、精力，还能够避免误会或者上当。当你知道对方的真正意图时，你就会知道如何控制局面，如何在谈话过程中进退自如，做到知己知彼，不会被心怀不轨者所欺骗。所以说，微表情心理学在我们生活中必不可少的。

本书侧重于对人的"微表情"进行介绍与分析，将人的日常行为更加细化，使得读者在阅读、学习的过程中能够更加具体地思考和分析。而本书中所介绍的心理技巧都是我们日常生活、工作、人际交往中时时刻刻都能用到的，只要掌握了这些技巧，你一定能够在人际交往的过程中如鱼得水。

最后，希望通过阅读本书帮助你提升洞察人心、识别他人的能力，通过对对方微表情的解读，轻松揭开他人神秘的面纱。

第一章

面部微表情：察人于无形，观人于细微

第二章

眼神微表情：眼睛不会说谎，直击内心秘密

第三章

手部微表情：巧手能言，察于细微

面部微表情：
察人于无形，观人于细微

　　虽然中国有句古话叫做"人不可貌相"，但是在实际的人际交往中"以貌取人"却是十分重要，也是十分有用的。我们往往能够通过一个人的相貌、五官的细微变化捕捉到重要的信息，从而解读出他内心的变化。不管一个人的喜怒哀乐掩盖的有多深，在其外表、动作上都或多或少的会留下一些痕迹。一个眼神、一次蹙眉、一次撇嘴……都包含着丰富的信息，这些无不需要我们仔细地观察，认真地分析。

嘴部小动作后面的内心世界

有这样一个游戏——贴嘴巴，在不同的脸上贴上不同表情的眼睛和嘴巴，然后观察其中的新表情，不同的搭配当然有着不同的表情，可是同一个眼睛的表情搭配不同的嘴巴表情后，结果让人大吃一惊。人们总以为，眼睛是一个人情绪的全部表现，其实不然，嘴巴也是重要的情绪表现工具。不知道你有没有注意过那些容易被我们忽略的嘴部的微表情呢？

※从自然状况下嘴角的弧度来判断一个人的性格和内心世界

嘴抿成"一"字形的人，一般性格坚强，是个实干家的形象，交给他的任务一般都能圆满地完成，并因此而得到上司的赏识，有较多的机会得到升迁和提拔。

喜欢把嘴巴缩起的人，一般干活儿认真仔细，是一个好帮手，但不适合做领导，因为这种人往往疑心较重，不容易相信下属，心理上往往有后院起火的担忧。另外，这种人还容易自我封闭。

嘴角稍稍有些向上的人，一般头脑机灵，性格活泼外向，心胸也比较开阔，能与人很好地相处，很随和。如果是男士，则往往是一个标准的绅士。

※从交谈时嘴唇的动作看人的性格与心理

① 交谈时嘴唇的两端稍稍有些向后，表明他正在集中注意力倾听谈话。这种人一般意志不太坚定，容易受外界的影响，办事情时容易半途而废。

② 下嘴唇往前撇，往往表明他并不相信对方所说的是真实的，并且他还想立刻找到证据来反驳对方，直到对方承认自己说的是假的为止。

③ 上下嘴唇一起往前撅的时候，表明此人的心理可能正处在某种防御状态。

④ 嘴角老是向下撇的人性格往往固执、刻板，并且内向，不爱说话，很难被说服。

⑤ 在交谈时，用牙齿咬住嘴唇，或是喜欢双唇紧闭的人，说明他正用心地倾听另外一个人的讲话，也可能是在心里仔细地分

析对方所说的话，然后跟自己所思所想的内容作个对照，也可能是在认真地反省自己。

⑥说话时以手掩口在女性中比较常见，这类人往往性格较内向、保守，甚至有点自闭，不敢过多表现自己。如果交谈的对象是个陌生人时，这个动作还表示她对对方存有戒心，或者在做某种自我掩饰。

⑦口齿不清，说话比较迟钝的人可以分两种情况来分析。一种是语言能力确实不够出色，并且在其他各个方面的表现也相当平庸。这样的人若想获得很大的成就，往往不太容易。另外一种人则仅仅是因为其语言表达得不够精彩，而且往往也不喜欢表现自己，但这种人往往能够一鸣惊人。

⑧时常舔嘴唇的人，很可能压抑着内心因兴奋或紧张所造成的波动，因此他们常口干舌燥地喝水或舔嘴唇。

⑨清嗓门且声音变调，则往往说明此人对自己的话没有把握，这种人有时候还有杞人忧天的倾向。

牙齿与性格的关系

相信很多人都知道牙齿和人的寿命相关，但是你知不知道牙齿除了能够判断一个人的寿命，还与其性格有着密切的关系？

※暴牙

暴牙者以面相来说，大多心直口快，讲话未经思考便脱口而出，观察力不强，常常会得罪别人而不自知，所以做事容易忽略细节粗心，相同的错误可能会重复两三次才能得到教训。

个性上固执己见，以自我为中心，希望得到众人的注意而作出一些过度夸张的举动，若是旁人劝诫，也不会见好就收，因为不知收敛可能会得罪其他人。在家庭方面，因为个性固执之故，所以与家人难以沟通，与兄弟姐妹、父母不甚相睦。

如果牙齿过暴，个性亦较放荡、好色，人缘不佳。就算在工作、人际上再如何努力，也通常要非常长的时间才看得出成效。

※焦黄牙齿

若你的唇色黯淡，牙齿焦黄，则容易偏孤寡，脑筋不够灵活，意外也会偏多。焦黄齿可以是前齿焦黄，也可以是整排牙齿都呈现焦黄现象，若只有门牙焦黄，则有影响身体的状况。

一口黑牙则较为贫穷，在古代来说，牙齿越干净洁白代表家世较好。

黑短斜又焦黄的牙齿，在仕途方面运气较差。因牙齿长得丑，使得爱情运不佳，姻缘不好寻。

※齿列不整

齿列不整也叫作乱齿，如果你从侧面看你的前牙，发现从门牙开始，所有牙齿好像都从牙龈飞出去似的，就称作外波牙，是一种大凶的牙齿，若同时还露出牙眼则影响更大。

有乱齿的人个性敏感，多情绪起伏，也较为自我。在感情上一旦投入之后很容易深陷其中，难以自拔，一旦遭受伤害，必须要较长的时间才能平复，在情感上比较脆弱。

下面再从牙齿的外观和牙型，来解读一下对性格的影响。

① 牙齿洁白整齐而坚固，又与脸型配合匀称的人，表示性格明朗、乐观、热情，且富有行动力。

②门牙歪斜或有缺损的人，表示与双亲的缘分浅。

③门牙大的人，表示活动旺盛，而性欲也很强烈。

④上下牙齿都很小的，其警戒心强而嫉妒心也深。

⑤厌齿型的人，个性粗暴，容易招来危难。

⑥门牙有空隙的人，不但与双亲缘薄，且缺乏蓄财运。

⑦暴牙的人，虽富有行动力，但好饶舌，且任性固执，不知收敛而令人侧目，其家庭运也不好。

⑧八重齿的男性，不但与双亲缘浅，而其夫妻的情分也很淡薄。女性如是八重齿，无论结婚或财运都很亨通。

⑨牙齿参差不齐的人，因性情刚躁、容易冲动，所以跟配偶之间很难和睦相处。

⑩牙齿朝内弯曲的人，表示具有恶性病的遗传体质。

下巴也有无穷的心理信息

人们下巴的形态各不相同，不同下巴的人有着不同的性格，而下巴相似的人，性格也比较相似。因此通过下巴的类型，往往能够了解一个人的真实内心。

※下巴突出的人

这类人通常具有丰厚的爱情欲望，而下巴凹陷的人，对爱情则十分冷淡，或者爱情不专一。下巴发育良好的人，其精力绝伦，常常成为带有英雄色彩的人物。

※下巴尖而狭窄的人

这类人不论男女均有些神经质，在爱情上不尽如人意。另外，下巴的形状特点可表示晚年的运势。尖而狭窄的下巴是早夭之相，其人生里程可能很短，即使寿命较长，晚年也是十分凄凉的。

※下巴既狭且圆的人

这类人是恋爱至上论的崇拜者。他们会为爱而生，为爱而死。如果是一男性属于这类型，他在实践能力方面可能会欠缺，不适合从事竞争激烈的工作。

※圆下巴的人

这类人拥有美满的爱情，如果是位女性一定非常顾家；如果是男性则性情非常温和。这类人不仅是恋爱的胜利者，同时由于工作十分热心，也经常身负重任。有仁爱之心，子女也很孝顺，可以享受一个幸福的晚年。

※宽下巴的人

宽下巴人的性格比圆下巴的人性格要强硬些。他们对任何事物均会彻底加以研究，往往拥有伟大的爱情。虽然有嫉妒心，但也兼有宽容的美德，不会由于激情而毁了自己。

※方下巴的人

方下巴的人是行动派，大多时间不会无事可做。他们的个性常刚毅果断，当有了一个意念时，一定会很坚决地一往无前，不论遇到什么困难，都会坚持到底达到目的。

方下巴的人是彻底的理想主义者，有时他虽然知道会对自己不利，但仍然有勇气积极行动。有许多男性属于这种类型。在恋爱方面他们也极顽固，对于他们不能理解的人，就会加以冷落。他们一旦产生爱意，就会力排万难，专心一致地努力追求。

※双下巴的人

有双下巴的男女，通常爱情深厚，性情笃实，心胸宽广。双下巴又称"大黑颊"，这种人往往财运亨通、德高望重。

鼻子体现的个性差异

我们的鼻子虽然表情非常少，但是由于它位于整个面部的正中，所以同样起到了"承上启下"的作用。有一位日本的整容专家，曾经做过这样的论断，他说一个人若是接受了隆鼻手术，那么性格内向者往往会变成性格倔强的人。他的言论曾在日本轰动一时，到目前为止，还有许多人对此嗤之以鼻，认为这是无稽之谈。那么鼻子与人的性格到底有没有关系呢？有多年办案经验的斯尔·皮特警官也许能解答这个疑问。

斯尔·皮特警官因办案收集资料曾接触过很多形形色色的人，这其中有生意人、明星、流氓，甚至乞丐……据他观察，凡事高鼻梁的人，多少都有某种优越感；鼻梁低的人性格则温顺得多。此外斯尔·皮特警官还发现鹰钩鼻的人通常阴险、凶暴、冷酷、残忍、贪婪……因此他们往往也是监狱里最常见的。

如果斯尔·皮特警官的调查是可信的，那么那位整形专家的论断也就有一定的道理了。既然人的鼻子与性格有着某种特殊的关系，那么在各种各样的鼻子背后到底隐藏着怎样迥异的个性呢？下面，我们就一些常见的鼻型来进行详细的解读。

※希腊鼻

希腊鼻的特征是鼻梁窄长、平直，鼻根高，因此鼻根部凹陷不明显，鼻尖较尖，鼻基底部呈水平位。从个性上来说，拥有这种鼻型的人往往城府颇深，他们比较勤奋，实事求是，不易慌乱，组织能力强，做事效率高，雷厉风行，进退有度，通常可以充当危机下的领导者角色。

※罗马鼻

罗马鼻的特征是鼻梁长，鼻骨处形成一段隆起，然后呈直线向下或延续为轻度曲线，鼻根高度中等，但有明显凹陷，鼻尖向前，鼻基部呈水平位。在性格上，这类人往往善于攻击，有领导气质，个性强但不冲动，深思熟虑，善于影响他人、指挥他人。

※蒜头鼻

有些人的鼻子就像一个蒜头，鼻梁扁平，鼻子短小，鼻尖和鼻翼比较细小。这类人往往具有丰富的创造力和激情，喜欢改变，总想着用新方法解决问题，思想开明、情绪外露，很有个人魅力。

※鹰钩鼻

鹰钩鼻的特点是鼻梁很高，像一座山峰，鼻尖仿佛有个钩子，鼻翼短小且少肉。这类人通常不随潮流，喜欢走自己的路，是六种鼻型中最不在乎别人看法的，性格多反叛。拥有这种鼻型的人无论男女都是善于攻心的高手，从政是把好手。有时做事刻薄，而且教条，自以为是。

※朝天鼻

朝天鼻，顾名思义是指那种鼻孔朝上、露得较多、鼻梁短的鼻型。拥有这种鼻型的人无论是身体还是心理都相当机敏，脑子转得很快，生存适应能力强。

※小翘鼻

小翘鼻的特征是鼻梁短小但十分平直，鼻尖小而尖，鼻翼少肉。拥有这种鼻型的人聪颖、乐观、反应快，但有时因反应太快而可能成为好斗、贪婪和固执的角色。此外，他们对家人、朋友非常友爱，对新鲜事物也总是抱有无限的热情。

除了从鼻子的形状，我们可以初步判断一个人的性格外，还可以从鼻子上的动作进一步了解一个人的心理活动。这相对于鼻型所代表的性格更加具象，更利于我们了解交谈着当时的心理状态。

现代心理学的研究成果表明，在谈话中当对方的鼻子稍微胀大时，多半表示他对你有所不满或情感有所抑制。鼻头冒出汗珠时，一般来说，这表明一个人的内心特别焦躁或紧张。如果对方是重要的交易对手时，必然是急于达成协议。如果鼻子的颜色整体泛白，就显示对方的心情一定畏缩不前。倾听别人说话的时候摸鼻子，说明不相信对方所说的话，他在考虑如何应对。

虽然鼻子的动作或者表情在生活中并不常见，一般人往往很少去关注。但是你若想读出对方的心理，注意他的鼻子是非常重要的。仔细观察他的鼻型、动作，甚至是颜色，以及与目光的动向等，以此来获得正确的判断。

眉毛背后的心理信息

眉毛，在不同的人眼中有不同的作用。美学研究者将它看作面部协调不可或缺的部分；而在心理学家眼中，眉毛是他们判断一个人喜怒哀乐等情绪的工具。对于眉毛，中国人早有总结，比如"喜上眉梢""眉飞色舞""眉开眼笑""愁眉苦脸"等这些与眉毛相关的成语都是用来描述某种情绪或者是心理活动的。

一般人重视眉毛主要在于它的美观、修饰作用，却不知道它的变化还能透露人的内心信息。想必大家都想知道眉毛的各种变化代表的含义吧？下面从眉毛的生长状态、眉毛的动作来解读眉毛向我们传达的信息。

通过眉毛看一个人的性格特征，主要有四个方面。

首先，按眉毛的长度分，可分为长眉和短眉。

※长眉（长度超过眼睛）

眉毛长的人大多性情温和，宽宏大量，比较重感情，不轻易发脾气，是属于凡事好商量的老好人，但这种人有时候容易多愁善感。

※短眉（长度不超过眼睛）

眉短之人，性情正和长眉的人相反，较自私易怒，不轻易与人妥协，和家人的缘分浅，容易和他们闹僵关系。

其次，按眉毛的浓淡分，可以分为浓眉、淡眉和稀疏眉。

※浓眉

眉浓得像用浓墨画上的，此种眉相的人性情傲慢顽固，自我意识比较强，不易受他人影响，待人不够谦虚诚恳。好在此类人心机不深，性情率直，也颇有人缘。

※淡眉

如果眉毛颜色非常淡，甚至是白眉，则此人反应不够灵敏，心思也简单。眉淡之人虽无雄心壮志，但工作还是比较努力，具有成功的最基本素质。

※稀疏眉

这种眉毛远看似无似有。这类人性格内向，外表文静，主观理智，不易冲动，但情绪暴躁，工作学习缺乏上进心，与亲人聚多离少，而且自己的健康状况也不太理想。

再次，按眉毛的粗细来分，可以分为粗眉和细眉。

※粗眉

眉毛粗代表肝气旺盛，属将军之眉。此人凡事积极，有魄力和冲劲，当然，这类人在处事上也极易冲动，弄不好会变成有勇无谋。

※细眉

也就是眉细如丝，大多女性有这样的眉相，这类人个性较消极，遇事优柔寡断。

最后，按眉毛的形状分，可以分为以下几类。

※三角眉

俗称勇士眉，所谓的杀手或武士，大都是有这种眉相。这类人刚毅果决，冷酷残忍，不怕遭遇挫折，但比较自我，不易受他人控制。

※一字眉

眉型犹如正楷一字，也有粗细之分。粗一字眉的人，胆子大、意志力强，说话声音大而且严厉；细一字眉的人，性格固执、做事缺乏耐性，但有可能成为智者。

※刀形眉

眉型如刀（菜刀方形）之人，其心如刀，此类人聪明果决，处世不懂得圆滑，犀利不讲人情，不够慈悲。

※扫把眉

分眉头开散和眉尾开散两种。眉头开散的人，往往事情都快做完了才全心投入；而眉尾开散的人，做事经常虎头蛇尾。不管是哪种人，如果不克服自己的缺点，事业都很难成功。

※柳叶眉

眉毛较粗，但眉尾弯曲，呈现出不规则的角状，就像春天的一片柳叶。有这种眉形的人比较诚实，与朋友的关系也比较融洽，唯一不足的是家庭观念比较淡薄，经常为了朋友而忘了家庭。

※新月眉

眉毛清秀而细长，眉尾稍微上翘，状如新月。有这种眉型的人性情宽厚，办事果断，人缘不错，也能与人共同分享成果，因而做事容易成功，但由于容易轻信他人而很容易上当受骗。

※上扬眉

眉尾上扬，此类人富有杀气和霸气，太好强，不服输，霸道且不讲理，非常有自尊心，但这种自尊心往往是建立在霸道之上，也让人很不赞同和理解。

※杂乱眉

这种眉毛杂乱如荒草，是属于四肢发达、头脑简单的人，做事往往无法集中注意力，性情也很莽撞，所以他们最喜欢用武力和争吵来解决问题。

以上说的是眉毛的生长状态，下面我们还要了解一下与眉毛相关的动作，这些细微的小动作也传递着重要的信息。

※低眉

当一个人感到自己受到侵略时，就会做出一种防御性低眉反应。这种反应主要是人们出于本能，为了保护眼睛免受外界侵害的一种下意识动作。事实证明，人们在遭遇危险时低眉还不足以保护眼睛，因此还会将眼睛下面的面颊向上挤，尽可能地提供更多保护。这样做的最大好处是可以使眼睛保持睁开状态，以便观察周围的动静。

这种眉毛和面颊上下挤压的形式通常是人们面对外界袭击时的典型躲避反应。一个人的眼睛突然被强光照射或情绪反应强烈，例如，大哭、大笑，或感到极度恶心时，都会产生这样的反应。

※皱眉

大多数人是很难将皱眉与自卫联系在一起的。其实我们在生活中不难发现，那些面带侵略性的、无所畏怯的脸庞上都是一副瞪眼直观、毫不皱眉的样子。

皱眉所代表的心情可能有许多种情况，例如，诧异、怀疑、希望、惊奇、疑惑、否定、傲慢、无知、愤怒、错愕、恐惧和不了解等。一个深皱眉头、表情凝重的人，其内心活动往往是想逃离目前的境地，但却因某种原因而无法离开；一个大笑而皱眉的人，心中可能会有轻微的惊讶成分。

※眉毛一条低垂、一条上扬

一条低垂、一条上扬的眉毛所传递的信息就介于低眉和扬眉之间，半边脸显得恐怖，半边脸显得激烈；眉毛斜挑的人，通常正处于怀疑状态，那条扬起来的眉毛看上去就像一个问号。

※眉毛打结

眉毛打结并不是说两条眉毛真的纠结在一起，是指眉毛同时上扬且相互趋近。这种表情通常表示这个人有很多的烦恼和忧虑，有些慢性疼痛的患者也会常有此表情。

※眉毛闪动

眉毛先上扬，然后在几分之一秒的瞬间低垂，这种眉毛向上闪动的细微动作是人们看到熟人出现时的友善表示，也表示自己的合情愉悦，它时常会伴随着扬头和微笑。眉毛闪动也经常发生在与人对话的过程中，做加强语气之用。比如在说话时要强调某一个字或词，那么这时眉毛就会扬起并瞬间落下。

※耸眉

耸眉常发生在与人对话时。人们在进行热烈的谈话时都会重复做一些小动作以强调自己所说的话，大多数人在讲到重点时便会不断耸眉，还有一些惯性抱怨者在絮絮叨叨时也会这样。

通过上面的阐述大家对于眉毛的语言一定有所了解了。不过，眉毛的动作千变万化，它们的不同动作代表着不同的心理变化。

因此，下面再为大家补充一些常见的眉毛语言。

· 双眉上扬：非常高兴或特别惊讶；

· 单眉上扬：不理解，有疑问；

· 眉毛倒竖：极端愤怒或异常气恼；

· 眉毛完全抬高：难以置信；

　·眉毛半抬高：大吃一惊；

　·眉毛半放低：大惑不解；

　·眉毛完全放低：怒不可遏；

　·眉头紧锁：内心忧郁或犹豫不定；

　·眉心舒展：心情愉快、坦然。

耳朵背后的心理秘密

　　耳朵作为人的五官之一，其长势与形状，以及与面部其他各器官的搭配是否恰如其分，对人的容貌的影响也是很大的。

　　另外，耳朵在面相中是唯一不变的部位，不像有些人的颧骨、眉毛、嘴型或脸型，因后天的影响，就会有所变化。例如，有的人过于忧愁或操心，可能会在眼睛周围过早地出现皱纹；再例如，有的人可能会由于有爱抽动鼻子的不良习惯，而使鼻子的皮肤松弛出皱。但是这种种情况，在耳朵上都不会出现，因此，一个人的耳朵与性格之间的联系应该更为紧密。

　　心理学家研究表明：当一个人担心自己的秘密被揭穿时，通常耳朵会涨红。而有些人在说谎的时候，耳朵也会出现涨红，这就充分说明了这些人的心虚。而拉耳朵或者轻柔耳朵都是正常的行为，是众多调整姿势中的一种，因为通过触摸皮肤可以让人感到安定。不过，如果你够细心，那么依旧能够通过审视对方的耳朵来判断出对方的性格以及心理活动。

下面我们就通过对不同的耳型，简单分析一下各类人的不同性格。

※有耳垂与无耳垂

耳朵大致可分为有耳垂与没耳垂两种形状。有耳垂的人，像弥勒佛一样，古人认为是较有福气，个性温和，处理事情井然有序，在人际关系方面也较顺畅。

没有耳垂或者耳垂小的人，再加上内耳部分突出，古人称为"轮飞廓反"，这种人通常叛逆心重，个性冲动，缺乏奉献精神，较不肯吃亏，但反应机灵敏锐。

※耳朵的形状

如前面所说，耳朵形状不好且无耳垂，内耳往外突出者，叛逆心重，不服输，也不喜欢接纳他人的意见。

如果把整个耳朵的形状规则化，一看就觉得圆滑丰满，这类人的人际关系相对会好些。耳型不整齐，有锐角，呈三角形或不规则形状，这类人可能因为脾气过冲，以致人际关系差些。若到了畸形不整的程度，这类人在行为上会有某些不利于发展的缺陷性格。

※耳朵的位置

耳朵的部位若高于眉毛，即古人所指的耳高于眉者，容易显名。上耳部分显示一个人的行为能力，如果上半部长得好且有力，高度接近或超过眉毛，就说明这个人贯彻事情的意志力很强。下耳部分则显示一个人的思考是否周密，有耳垂的人较圆滑、不易冲动。耳垂往后者，个性内向被动，欠缺热心，不够积极。

※耳朵的肌肉

耳朵的肌肉厚重有力者，反映了个人的持续力和童年的顺利程度；耳朵薄，表示此类人的意志薄弱；耳垂的肌肉圆满丰厚往前翘者，进取心强，个性外向好动，为人固执而积极，具有领导统帅的才能。

※招风耳

耳朵的形状向前张开成"招风耳"，会像雷达网一样地接收信息。古书上说，招风耳会败掉祖宗留下的资产，不过这个说法并非绝对。

招风耳表示此人像情报员一般，对于消息的搜集非常灵敏快速，判断事情有自己独到的见解，甚至喜欢从事带有冒险性的工作。此外有投机、吹毛求疵、疑心重等特性。

※耳朵对称

以耳型判断，左右耳对称、耳型好的人，较有容人长处的宽大心胸；左右不对称、耳型差的人，则较倔强、嫉妒心强且心中不易平衡，不喜欢他人一帆风顺，有愤世嫉俗之心。耳朵往后贴，正面看不到耳朵全貌的人，较能吃苦耐劳且守口如瓶。耳朵长度超过嘴巴，富有群众魅力和领导才能。

※耳朵大小

耳朵大的人，一般来说，都是心胸比较宽阔的人。此类人对知识的追求和好奇心更强，具备过人的见解。是非善恶，真理俗见，均能了然于胸。生命力充沛，个性稳重谨慎、做事头脑清醒、脚踏实地，并且任劳任怨。因此耳大之人，大多事业有成。

小耳的人大多为感性型的人。情感比较细腻，意志不够坚定，很容易被别人的意见所左右。生活上的困惑较多，往往为芝麻绿豆的小事而过意不去，不太爱面对现实。因自我意识强，所以对别人中肯的意见较难接纳，进而影响到人际关系。而且这类人对用钱较无计划，不太适合做生意。这种人需慎重规划一下自己的人生，以免把自己搞得一团糟。

嘴唇的无声语言

一位叫拉奇·科尔的警官，在调查一起谋杀案的时候询问了死者周围的亲人、朋友，其中两个死者生前的好友令他印象深刻。

那天拉奇·科尔首先拜访的是住在麦迪逊大街的摇滚歌手凯恩·特，他一身朋克造型，头发也染成了火红色。当拉奇·科尔问他案发的时间在干什么时，凯恩·特用自己那两片薄薄的嘴唇滔滔不绝地讲起来。显然，拉奇·科尔很不喜欢这个年轻人，而且总觉得他的话不可信。拉奇·科尔整理好笔录后，向下一个街区走去，准备调查死者另一个好友——消防员泰利奥·瑞奇。当泰利奥·瑞奇了解到拉奇·科尔的来意，并得知好友的死讯后，竟失声痛哭起来。拉奇·科尔照例询问他案发时间在干什么，而泰利奥·瑞奇只是艰难地从他厚重的嘴唇中挤出几句话。

在返回警察局的路上，拉奇·科尔比对着两个人的笔录，并回想与两个人对话的情形，他愈发发现凯恩·特的话不可信，感觉他在隐藏什么。后来，他的怀疑得到证实，在案发现场附近的下水道中发现了凶器，上面清晰地印着凯恩·特的指纹。

这一次经历让拉奇·科尔深刻感受到以相识人的重要性，对于观唇形识人，有点类似于相面的感觉。但是这绝不是封建迷信，而是有确切的研究依据的。按照心理学家的研究，大致可以把人的唇形分为以下几类。

※厚嘴唇

厚唇的人不爱开玩笑，可能他人第一眼看到，也不觉得性感。但此类人的体力相当好，对所有的体育活动，都能够全心投入。

※薄嘴唇

这种人不是一个很好的交往对象。其实，与其说是他的嘴唇令别人对他退避三舍，倒不如说是他吝啬的个性令人提不起精神。他的薄唇，透露出他是一个吝于付出，却乐于接受别人馈赠的人。

※嘴唇松弛的人

嘴唇松弛的人常常给人一种松松垮垮的感觉。这种人的身体一般不是很好，做起事来往往不能坚持很久。不过这类人动作很迅速，有一种雷厉风行的感觉，因此适合做那些短时间内就能够完成的工作。

※双唇微开的人

这种人很魅惑，富有挑逗性，而且充满热情，对各种各样的浪漫都来者不拒，在举手投足间都散发着诱人的魅力，让人无法抗拒。

※紧闭双唇的人

这样的人绝对能够保守秘密，他的言行举止十分严谨，甚至有时会让人觉得他过于敏感。严肃固执的个性，使他不容易和周围的人打成一片，让人觉得有一种无形的距离感。而在他的内心深处，存在着无法接触的焦虑，所以在其他人眼中这类人总是稍显焦虑。

※双唇上扬的人

这样的人是天生的乐天派，他们能够乐观地面对一切，微笑是他们最常见的表情。似乎在他们的心中存在着某种信仰或者神秘的力量，使他们相信事情总能迎刃而解，所以根本就不需要过多的担心。

※双唇下垂的人

和双唇上扬的人恰恰相反，这种人比较悲观。他们常用挖苦、讽刺的幽默感，来表示对人世间事物的鄙视和愤慨。他也许已经是个非常成功的人了，但是遗憾的是，他从来没有享受过成功的喜悦。

以唇形识人也许并不全面，甚至个别的还会出现偏差，但是不可否认的是，嘴唇的无声语言有时候能够胜过有声语言，它可以一言不发地"告诉"我们一些秘密。

从胡须看性格特征

胡须是男子特有的象征，有的男人胡须浓密，有的男人胡须稀疏，有的人是络腮胡子，有的人是山羊胡子，胡须多与少，有胡无胡，在一定程度上，都会影响一个男人的性格和成就。

从西方到东方，从过去到现在，男人们为了标榜成熟、魅力、稳重，甚至颓废、不羁、狂野，不二选择就是蓄胡子。那么不同的胡子代表了什么样的性格呢？看了下面的分析，你或许能够有所收获。

※浓密的胡子

胡须如果长，就应该清新明快，疏朗有致，不直不硬，并且长短相得益彰。胡子很长，而头发也浓密的人，性情积极，热情好动，喜欢结交朋友，这种人大多有点粗野的味道，其实他们是大大咧咧、有话直说、忠诚有义的好朋友。

※稀疏的胡子

胡须如果少，会显得清新润泽，刚劲健康。头发及胡子都少的人，给人秀气、满含灵韵的感觉。胡子少而头发浓的人，性情较为消极，待人处世爱理不理，给人感觉好像什么事也不在乎。不过，他们也有很多在乎的事情，只不过他们很多时候都觉得这样做不好，那样做不行，所以什么事都懒得行动。

※卷曲的胡子

胡须假如像螺丝一样地弯曲，而且根根见底，浓疏分明，那么这个人一定是个头脑聪明、富有创造力的人。这类人稀奇古怪的主意非常多，也很有用，适合有创意的工作或成为组织活动者。他们眼光长远，注重总体，大多可以成为很好的策划者或领导者。在生活中，性格开朗，胸襟宽大，不失为一位好朋友、好情人、好丈夫。

※较长的胡子

假如胡须细长，像磨损的绳索一样到处是细弯小曲，表示这人个性风流倜傥，却不淫乱，对情人倍加温柔体贴，很有情趣。

与这样的人在一起，可能会有一种做梦般的感觉，因为天天都如同在天堂一样。不过，他们的这一份热情可不会维持太久，很快他们就会有新的目标。这类人从小大多在良好的环境下长大，所以良好的修养以及优良的教育，会令他将来地位高贵，声名荣耀。

头型与人的性格

　　人的身体构造以及社会环境决定了人的生理功能和心理活动，而这些功能与活动影响着人体的外部表征和表现行为。因此有些心理学家就从研究这些表征和行为现象中，按照一定的规律总结归纳出一些类型，并推理和分析各类型与人们的生理和心理活动的关系，从而了解人们的内在活动状态。通过一个人的五官、面相，对一个人进行准确地初步判断，这其中对于头型的分析判断不容忽视。

　　人的头型主要有以下几种。

※圆头型

　　头型圆的人，其身体亦圆，其为人亦是四面圆通，八面玲珑，正符合中国相法所称之"心宽体胖"。

　　因为这种头型圆的人永远是乐观的，对一切都感到安然惬意，所以这种人一般是和气、有趣、可亲的。这种人擅长管理行政，是理财的天才。这种人天性爱好享乐，爱吃贪睡，结果身体愈胖，因此不免懒惰。

※三角头型

三角头型或称智慧型、理想型、艺术型。这种头型的特征是前额高而宽，下巴尖，脸型如一个倒三角形。

这种人机智灵活，善推理，好深思，爱钻研书本，富有创造力，生性聪明，多智谋，富理想，易冲动。擅长劳心工作，不惯于劳力工作，户外运动过少，故体质较弱，缺乏活力，体力懒惰。

※长方头型

这种头型的特征是头窄、长脸，这种头型的人擅长外交手腕，喜交际，友善和气，态度温和有礼，机警。这种人欲达到目的，绝不用武力，而是运用机警、外交手腕和智慧。这类人的缺点是缺乏力量、魄力和执行力，且不善理财。

※四方头型

这种头型的特征是前额上部方形，方下巴，身体亦随之有方形的趋向。

这种头型男子较多，女子较少。这类人精力充沛，生性活泼，好动，好冒险，不受拘束，好自由，喜户外生活。这类人不爱谈理论，而讲求实际，有建设性。他们的身体能耐劳，吃得苦中苦。他们的缺点是不喜读书，智力懒惰，不善思考。所以，他们只好用双手及身体，认真踏实地去执行别人所计划的事情。

※平直头型

这种头型的人数较多，它的特征是前额较直，直鼻子，嘴与下巴均平直，头侧面成一直线形状。

此类人性格比较中性，缺点是经常犹豫不决。

※凹进头型

前额上端突出，眼眉部分平坦，鼻子低，唇部短缩，下巴突出，整个头侧面成凹进形状。

这种头型的人，与下面的凸出型的人正相反，他的个性可以用一个"慢"字表示。思想行动皆缓慢，一切慢吞吞，不急进，固执而不切实际，缺乏创造力。但这类人却因此养成一种谨慎、不盲从、不冲动的性格。镇静、从容，理智重于感情，善思索，一切三思而后行，不妄动，故惹祸的机会少。能忍耐，有持久力，态度温和，随遇而安，都是其优良的性格。

※凸出头型

这类头型的特征是前额后倾，高鼻梁，唇部突出，下巴短缩，整个头部侧面成凸出形状。拥有这种头型的人，智力极佳，行动敏捷，善观察，富创造，喜进取。可以用一个"快"字表示他的个性。

这种人虽然反应快，他们缺乏持久性与忍耐心，而且冲动、易怒。所以，他的缺点是不免过于性急，欠深虑，妄动。这种人言多而直爽，故易失言。

※上凹下凸头型

这种头面型与上述上凸、下凹正相反，它的特征是前额上端突出，眼眉平坦，鼻子低，唇部突出，下巴短缩。

其性格特点是想到就去实施，行动力强，有冲劲。他是行动快于思想，故不易有周密之计划，而行动常常不免轻率疏忽，所以每每行动之后会后悔，与纯凸面型的人从不后悔的性格不同。这种人不重实际，易冲动，缺乏领悟力与忍耐力。

※上凸下凹头型

这种头型的特征是前额后倾，眼眉高出高鼻梁、嘴唇短缩，下巴长而突出。这类人因为前额后倾，所以思想快，下巴长而突出，行动慎重。他的性格重实际，有魄力，是一个领袖人才。他的性格缺点，就是易趋专制、固执。

百人有百相，脸型可观心思

　　人的面部表情是反映一个人心理变化最直观的表现方式之一。细微的面部表情能够反映出一个人在特定环境中不易被人察觉的心理变化，因而很多心理学家都非常注重对人的面部微表情的研究。在对面部的观察与研究中，脸型是最初的研究对象之一。心理学家认为不同的脸型代表着不同的性格，所以对于一个人脸型的解读，也是了解一个人的开端。

　　下面介绍不同种类的脸型，以及这些不同的脸型背后隐藏的不同的性格，相信阅读本节，在观脸型识人心方面一定能对你有所帮助。

※长形脸

　　此类人的五官较大，脸部曲线柔和、沉稳、成熟，他们做事相当自信，很少考虑别人的感受，甚至到了有些自恋、自大、自私的地步。因此，人际关系通常不是很好。但他们内敛、平实，时间久了就会让人觉得非常有味道。

※方形脸

方形脸分为两种。一种是轮廓相当明显、下颚宽大的方形脸。此类人脸型方而大，有棱有形，他们做起事来胆大过人，喜欢冒险，但做事草率鲁莽，思考欠周详，容易得罪人，属于有勇无谋的类型。此类人在思考问题或做事情的时候总是采取单线、直线模式，缺乏协调和迂回。他们判断事情也常常流于表面，较肤浅，看不到隐藏的深意。在人际关系的处理方面，此类人可以说是爱憎分明，喜怒都刻印在脸上。他们往往只和有好感的人亲近，对于自己讨厌的人总是摆着一张臭脸。另外这种人运动细胞发达，很少有运动能难倒他们。

另一种是轮廓明显、五官端正的脸型。这种脸型与上一种脸型的差别主要在于下颚，这一种脸型的下颚线条较为柔顺。此类人凡事崇尚中庸，做事的过程中既不破坏传统秩序，又极富弹性。他们拥有卓越的能力和长远的眼光，是典型的领导人才，具有应付变局、扭转乾坤的能力。此类人脑筋聪明，富于机智谋略，举止大方稳重，待人诚恳，颇有威望。

※本垒形脸

本垒是棒球运动中的一个术语，运用到脸型描述上指的是颧骨到下巴的线条非常明显，体格健壮且带有阳刚之气。对研究有独特的热心和耐心，没有特殊的好恶，和任何人都能打成一片。

此类人对他人很体贴并富有同情心，然而却很少表露自己的感情，因而给人一种好相处的感觉，也因此受到大多数人的喜欢。

如果男人是这种脸型，作为他的女朋友或者妻子，千万不要担心他会拈花惹草，此类男性一般用情都非常专一。

相反，如果女性是这种脸型，作为男友或丈夫的你就要注意了，此类女性往往思想比较开放，喜欢和男性成为朋友。

※混合形脸

这种脸型的特征是面孔整体有棱有角，或是额头小、颧骨宽大的人。顽固、不服输是他们的主要特点，伴随这些的还有神经质，爱慕虚荣，但他们并不是一无是处，他们对任何事物都很有兴趣，不管做什么都超出一般的水平，因此往往令人搞不清楚他的正业和主攻方向。

如果此类人能碰到志趣相投的人，会与对方相处融洽，然而只要有一点不满就会全盘否定对方。

※三角形脸

这种脸型的人往往脸比较胖，脖子粗大，整张脸经常红彤彤的，显得血气旺盛的样子。此类人紧张，感觉敏锐，具有好动、静不下来的外向性格。他们体力充沛，节奏快，肯吃苦耐劳。身体颇为强健，体力的恢复也比较快，他们总有办法在搭乘好几个小时的长途飞机后，立即投入工作。

此类人在人际场合中很吃得开，属于长袖善舞、八面玲珑的典型。不过，他们交朋友的目的明确，所交往的朋友也局限于工作上的关系，他们很会因实际需要选择朋友，很会利用朋友的"附加价值"来赚钱或发展自己的事业。几乎只有一面之缘的人，都会被记入他们的资料库中，成为日后的合作伙伴。

此类人做事非常积极、热情迫切、敢冒险、大胆、行动快如闪电。他们有实践能力，颇富开拓性。此类人如果当领导的话，身旁一定要有值得信赖且具分析力的幕僚为他运筹帷幄，才能成事。

※倒三角形脸

额头宽，脸型随着往下巴的方向慢慢变窄，形成倒三角形的面孔。

有这种脸型的人和他的身体有关，他的身体多半也是细瘦、娇小的体形。他们做事多半一丝不苟，有洁癖。他们有很强的虚荣心，喜欢受人瞩目，同时也很关心引人注目的事物；具有贵族化的嗜好，对戏剧、优雅的东西充满憧憬，但如果不能遂意，也会有焦躁的举动；性情中有优柔寡断的一面，也有细腻而浪漫的一面，多数人带有难以接近的气质，因而使人感觉难以相处，要想接近此类人，必须以浪漫而富有幻想色彩的话题作为交际的润滑剂。

这种人是标准的完美主义者，他们严于律己、宽以待人，社交手腕老练，拥有一种与生俱来的优雅气质，但他们好强性急、善妒善怒，因而常常让人又爱又恨。这种脸型是东方女人崇尚的脸型，"非常抢镜头"。

※圆形脸

这类人乐观爽朗，彬彬有礼，容易与人相处，因而人际关系非常好。他们怜悯弱者，富有同情心，但也比较容易受到异性的诱惑。这种脸型永远不显老，无论从哪个角度看都显得稚嫩，因此俗称"娃娃脸"。

对于很多人来说，不论在生活中还是社交、职场中，都会遇到很多人，所谓"知己知彼，百战不殆"，当我们面对一个陌生的上司、同事、客户或朋友的时候，通过观察脸型，将有助于我们进一步了解这个人，不至于因莽撞而给我们造成损失。

第二章

眼神微表情：
眼睛不会说谎，直击内心秘密

　　人们常说"眼睛是心灵的窗户"，因此若想洞察一个人的内心，对其眼睛的观察是必不可少的。对于眼睛的观察主要表现在这样几个方面：眼睛的大小、眼睛的形状、眼珠的转动、瞳孔的变化、眨眼的频率以及视线的转移，等等。如果能够熟练地掌握这些观察眼睛的技巧，那么对于解读眼睛的微表情，就简单易行了。本节将就这几个方面进行细致入微地分析和解读。

眼珠转动的心理秘密

眼睛可以说是人们最为关注的器官，在眼神、眼珠的转动等细微的动作中包含着丰富的非语言信息。在与人交谈中，通过观察他们的眼珠转动能够判断其所说的话的真实性。相对于其他部位来说，眼珠的转动最能迅速反映出一个人内心世界，而且眼睛所发出的非语言信息对于洞察一个人内心变化的精确性也是非常高的。

那么，眼珠的转动到底能流露出怎样的心理呢？下面就让我们做一个小小的实验吧。

正对镜子，试着想想你把钥匙放在哪里了？你有几件白色的衣服？你的中学班主任长什么样子？当想这些的时候，你看到自己的眼球如何运动了吗？没错，它们都在向上运动。其实，不管你是在回想过去的情景，还是在勾画未来的场景，只要是有画面感的情景，眼球就会向上运动，进入视觉影像。如果你是在仔细聆听音乐或是听别人说话，眼球则会跑到中间，这意味着你进入了听觉世界。而当你觉得腰酸背痛、被你家的小动物咬了、被针扎了时，眼球就会往下运动，因为你正被感觉、身体触觉的情绪所控制。

也就是说：一个认真听你讲话的人，眼球绝对不会向上翻起。一个正在积极动脑的人，眼球也绝对不会定住不动。总之，眼球往上时，是视觉的、影像的；眼球在中间，是听觉的、声音的；眼球往下时，是感觉的、身体的。

了解了眼珠转动的规律，结合与你交谈的人眼珠实际的转动方向，这样你就能判断对方说的话是真是假了，也可以读出他此时此刻的内心活动。

※眼珠惯于向右上方转的人

眼球处在右上，表示视觉想象，想象从未见过的样子、创造新的画面组合。比如，想象明天要去的地方是什么样子。

眼珠向右上方转时，人的大脑中便会浮想幻想中的事物，这说明这类人其实很喜欢做白日梦的。不过这并不代表他们只会凭空想象、天马行空，很多发明和实质性的建议都是从想象开始的。

※眼珠惯于向右下方转的人

眼球处在右下，表示内心感受，多与情感的触动、身体触觉有关。比如，摸仙人掌的刺有什么感觉？恋爱的滋味怎样？郁闷时有怎样的感受？这类人心思细密，思考力强。与这样的人相处时要特别小心，因为他们疑心重重，常以为自己是侦探，只要有少许的蛛丝马迹，便会联想到很多东西。而且这类人做事太精明，所以千万不要与他们有金钱上的瓜葛，否则便会为自己惹来麻烦。但如果对方不是每次思考时都是转向下方，只是偶尔才这样的话，也表明他在此时所说的大概不太可靠。

※眼珠惯于向左上方转的人

眼球处在左上，表示视觉回想，是在回忆过去所见的画面和脑海里的场景。比如，昨天午餐有几道菜？附近有几间便利超市？路过了几条街？当人在回忆过去的经历时，便会望向左上方。这类人时常喜欢翻来覆去地回忆往事，所以对待这样的人要有耐性。这类人在社交场合聆听别人的发言或自己发言时，时不时也会把这种思考方式带进来，所以这样的人在交往中也较为常见，可以作为一个类型化的表现吧。

※眼珠惯于向左下方转的人

眼球处在左下，表示听觉在发挥作用，是有情绪的内心对话，是在对自己说话。比如，对自己说句鼓舞的话，哼唱一首自己喜欢的歌。这类人想象与思考力都很强，他们喜欢自由自在地享受生活，可能会给人好吃懒做的感觉，但这不过是一种错觉。事实上，这类人比任何人都会安排生活和工作的关系。他们会比较认真地听取别人的发言，也会把自己的见解坦然地表露出来。所以对这种喜欢自由自在、坦然相对的人，千万不要给他们一种压迫感，否则你会把他们吓跑，让他们从此与你保持距离，以后再想取得他们的信任就很困难了。

※眼珠惯于向左右运动的人

对于大部分人来说，眼球向左边运动是对过往的记忆，向右边运动则是对未来的、未发生事件的畅想。可能的例外只有左撇子。

当眼球向左运动时，你可能在回想昨天晚餐吃了些什么，前天去了什么地方，上个月认识了几个朋友，诸如此类的问题。当眼球向右运动时，你则可能在计划明年的生日怎么过，明天的工作有什么安排，你的新家要怎么布置。可见，在回忆过去和畅想未来时，眼球会朝不同的方向运动。如果眼球出现了迅速地左右运动的情况，表达的意思又不同。在辩论赛上，我们经常看到这种高频率的眼球运动。通常，辩论中被诘难的人，眼睛会快速地左右运动，因为他的大脑正在展开忙碌的思考，希望寻找到合适的办法来应对诘难。可见，一个人在绞尽脑汁思考时，就会出现这种眼球动作。此外，一个人紧张、不安，或怀有警戒心时，同样会左右运动眼球，因为他们希望在全幅的视野中把握情况，尽量收集情报，或者试图稳定心情。

　　眼球动向提供的线索最明显，蕴藏的信息也非常丰富，它告诉我们这个人的内心究竟在想什么。它的运用也很广泛，深入日常生活和工作的各个领域。

瞳孔变化背后的情绪变化

　　除了眼珠的转动，瞳孔的变化也可以作为我们判断一个人的内心世界的依据之一。一般情况，瞳孔的放大或缩小是不受人控制的，但是在某些特定的条件下，一个人可以改变自己瞳孔的大小。这种改变是随着一个人情绪的改变而改变的，当一个人处于热血沸腾、激情四溢，或者极度恐惧的时候，其瞳孔可能比平时扩大三倍左右；当一个人处于悲观失望、万念俱灰的时候，其瞳孔就会收缩。根据瞳孔的扩大或缩小我们能从中得到想要的信息。

　　经验丰富的警官比尔·东尼奥就凭借着对被调查者瞳孔变化的观察，破获了一起间谍案件。

　　以下是比尔·东尼奥德讲述："1987年，我们抓到一个间谍。审讯时，他十分合作，态度也很好，不过他始终坚持是自己一个人行动，不肯供出自己的同伙。显然，他做好了牺牲自己的准备。这个人的态度让我们束手无策，我们担心不法分子制造动乱，威胁民众的安全，所以必须尽快找出他的同伙。正在这时，我们的情报分析师马克博士建议我通过非语言行为收集信息。于是，我们向这个间谍展示了几十张照片，每张照片上都附着人的名字。这些照片上的人都是经我们调查后认为很可能是他同伙的人。在让他看照片的同时，我们还要求他讲述所知道的关于照片中人的所有情况。当然，我们对他所讲的内容并不感兴趣，因为他肯定不会说实话，而我们真正关注的是，他在看到照片的一瞬间以及在叙述过程中的非语言反应。后来我们注意到，当他看到其中两个人的照片时，眼睛突然睁大，瞳孔迅速扩张，然后又轻轻地眯了一下眼睛。显然，他在潜意识中非常不希望看到这两个人。由此我们断定，这两个人最有可能是他的同伙。最后，我们找到了这两个嫌疑人。经过审讯，他们供认自己参与了此次犯罪活动。时至今日，那个间谍仍不知道我们是如何找出他的同伙的。"

有句话说得好："当你在与别人交流或谈判的时候，一定要看着对方的眼睛。"这句话我们也可以理解为"好好看着对方的瞳孔"，而这句话也正解答了上面故事中那个间谍的疑问。

对于瞳孔能够传达内心信息的功能，芝加哥大学心理学系主任哈特·赫斯教授是十分肯定的。哈特·赫斯教授在自己早年的学术报告中就曾指出：当人们看到对自己情绪有刺激性的东西时，瞳孔就会扩大。举例来说，一个性取向正常的人，无论是男人还是女人，只要他们看到异性明星的海报，瞳孔便会不同程度地扩张，但若看到同性明星的海报，瞳孔则会收缩。此外，当人们看到令人心情愉快或痛苦的东西时，瞳孔也会产生类似的反应。比如，人们在看到美食时瞳孔往往会扩张，而看到残疾儿童或战争场面时瞳孔便会收缩。

其实，人们很早就知道通过瞳孔来解读人的内心。中国古代的珠宝商在与顾客讨价还价时，会仔细观察顾客的瞳孔是否扩张，进而来判断他对自己的商品是否感兴趣。近年来，人们将瞳孔研究引入生活的各个领域。例如，在商业领域中，人们发现瞳孔的扩张会令广告模特显得更加具有吸引力，从而影响顾客的购买倾向，所以现在我们看到的广告中模特的瞳孔大都是经过放大处理的。

科学家们已经证实，瞳孔的大小会受人情绪的影响而放大或收缩，且瞳孔的运动是直接与人的大脑相关联的，完全属于自发的反应，不受主观意识的控制。因此，基于瞳孔的这种特性，当我们与人交谈时，千万不能忽略对方的瞳孔的变化所传达的信号。

眨眼要说明的是情绪变化

　　在观察眼睛时，不仅能从眼珠的转动、瞳孔的变化中发掘到有用的信息，眨眼的频率中也包含这很多重要的信息，在正常状态下，人们的眨眼频率是每分钟10至15次，每次闭眼的时间仅为十分之一秒。然而在某种特殊的情况下，为了某个特定的目的或者表达某种情绪、情感，人们的眨眼频率就会发生变化。

　　有人在眨眼的时候，眨眼间隔会不自觉地有所延长。也就是说，每次眨眼时，眼睛闭上的时间远远长于正常情况。这种动作属于下意识的行为，表明人们的大脑想要阻止眼前的事物进入自己的视线，因为他对眼前的一切已经感到了厌倦、无趣或认为自己高人一等。

　　因此，当你跟他人谈话的时候，若对方流露出这样的神情，很显然是在表明：你的话太无趣，我不想听了，你赶紧说完就走人吧！他已经完全没法忍受与你无趣的谈话了，你的话在他听来，没有一点吸引力和用处。所以他每次眨眼时都会闭上两到三秒钟，甚至更长的时间，那意思是让你从他的视线中消失。如果他的眼睛一直闭着，那就表示他的头脑中已经完全没有你的存在了。这时你就应该考虑，自己是不是有什么话说错了，或者是不是应该换一种说话方式了。

当然，一些自命不凡的家伙，也会用延长眨眼的间隔来显示自己高人一等的姿态，有时候还会脑袋后仰给你一个长时间的凝视。这样的人都是一些自视甚高的人，他们通常用这种姿势来表达自己藐视别人的态度。但是，当人们认为自己没有受到应有的重视时，也会做出这个动作。延长眨眼的间隔也是西方社会的肢体语言，特别是英语国家里自认为是上流社会的人们，经常做出这个动作。当你遇到这样的人时，最好首先想想是不是因为自己的言语不够精彩，不够恰如其分，引起了对方的厌烦。如果真是这样，你就需要采取新的策略来激发对方的兴趣。

如果你认为对方这样做仅仅是出于高傲，那么你不妨给予这样的回敬：当对方第三次或者第四次长时间闭着眼睛时，快速地向左边或者右边移动一步。这样，当他再度睁开眼睛时，就会产生错觉以为你消失不见了，继而又在旁边突然看到你，这一定会把他吓一跳。如果跟你谈话的人一边不紧不慢地眨眼，一边渐渐打起了呼噜，那只能说明你们之间的沟通失败了。

如果你是一个女性，那么你一定在生活中遇到过这样的情况：你的男同事在走廊里与你擦肩而过的时候，可能会微笑着向你眨眨眼。这样的人一般都是比较自信的人，他们相信自身有魅力，并且愿意向别人展示自己的魅力。

这些喜欢向别人眨眼的男人，一般在潜意识中把自己当成了帅哥，相信自己的一举一动能打动女性。因此，这类人也敢于在他人面前展现自己。即便他们没有"帅气"的形象，但由于他们的自信，令他们的举动具有一股强烈的感染力，所以他们的举手投足在别人眼里没有一丝矫揉造作之感，反而看上去十分亲切、可爱。他们还会刻意培养自己的魅力，通常很在乎自己的形象，在别人面前总是希望表露出自己最有风度的一面，愿意给人留下"绅士"的印象。一旦别人对他的形象给予肯定或认可时，他通常会喜形于色，更加显得神采飞扬。

喜欢向别人眨眼的人，一般都是性格开朗、前卫的人，他们自信大方、追逐时尚，喜欢受到别人的追捧，愿意成为一群人中的焦点。他们还很喜欢模仿，对于电视电影中主人公的一些比较花哨、比较前卫的动作和语言，他们都会悄悄地记在心里，在可以用到的时候便会拿出来"表演"一番。在他们看来，这是增强自身魅力的一种很好的途径。

当然，喜欢向别人眨眼的人最大的缺点是，过于注重外表的魅力，认为一个人的魅力大多来自外表。在这样的思想下，他们会很容易忽视内在的修养。实际上，一个人真正的魅力正是从内在散发出来的，而不是单凭外表塑造的。外表体现出的魅力是禁不住考验的。

当你的同事从你身边经过时没有向你问好，而是以眨眼代替，你便可推知此人十有八九是个比较注重外在形象、相信自身魅力的人。在与这样的人交往的时候，你可以以热情洋溢的笑脸去回报他的举动，他会因你的热情回应而变得更加自信。

视线反映着不同的心理状态

心理学家通过研究发现，透过人的视线可以窥探出人的内心活动。人们的内心如果有什么欲望或情感，必然会表露在视线上。因此，如何透过视线的活动了解他人的心态，对人际交往中的察言观色具有重要意义。

一个人的视线如何，往往反映着不同的心理状态，所以在解读一个人的视线时，要重点注意以下五个方面。

其一，对方是否在看着你，这是关键。

其二，对方的视线是如何活动的。对方一直盯着你，和视线一接触马上移开，所反映的心理状态是迥然不同的。

其三，视线的方向如何。比如对方是以正眼瞧着你，还是以斜眼瞪着你。

其四，视线的位置如何。比如对方究竟是由上往下看，还是由下往上看。

其五，视线的集中程度。对方是专心致志地在看着你，还是视线缥缈，不知究竟在看什么地方。

在交往活动中，通过观察人的视线方向，也能透视人的心态。

※对方的眼睛看远方时

表示对你的谈话不关心或在考虑别的事情。例如，当你很有诚意地对女友说话时，她却常常将眼睛注视别的地方，表示她心中正在盘算别的事情，或许因为对结婚没有信心，也可能她另有选择，对你说不出口。出现这种情况，你不妨用试探的口气问她："有什么麻烦吗？告诉我，我们共同解决。"

如果对方是非常重要的交易谈判对象，他同样会在心里盘算如何使交易变成有利的状况。在谈判过程中，如果对方一直凝视远方，要特别注意不要将大量货物出售给他，因为对方可能支付不了货款。如果对方是卖方，他所卖的货物可能是次品。总之，当你的交易对象出现这种眼神时，你一定要小心提防。这时候，你可以直接问他"你有什么问题吗？"以从对方口中探知原因。如果对方慌张地说："不！没有什么事？"这时，你应当斩钉截铁地与他中断洽谈，可以对他说："以后再谈吧。"

如果在某个会议上，你发现一位出席者对坐在他正面的某人看都不看一眼。那么等他对面的人发言过后，你不妨问他："你认为他的意见如何呢？"他如果立即予以猛烈反驳的话，则证明他们之间曾经有过争论或有什么成见。

※斜视对方的眼光

人们聚集在一起时，常常可以看到斜视对方的眼光。这种眼光的特性是表示拒绝、轻蔑、迷惑、藐视等心理。竞争对手或其他竞争者之间难免会正面交锋，互相之间经常会用这种蔑视的眼神看对方。

但是，斜而略带含笑的眼神，有时也表示对对方有兴趣。尤其在初次见面的异性之间，经常能见到这种眼神，而且多出现在女方身上。如果你是一位男士，有一位不太熟悉的女孩子这么看你，那表示她对你感兴趣。

※对方眼神发亮略带阴险时

表示对人不相信处于戒备中。男女之间用这种眼神凝视时，表示双方有敌意、憎恶；在初次见面的会谈中，也会接触到这种眼神；受到朋友或同事的误会，把被曲解的事实向对方解释说明时，对方往往也会出现这种眼神。

初次见面时，对方有这种眼神，表示在谈话中你使对方产生某种不信任的警戒。如果觉得自己并没有使对方产生这种心理的做法的话，那可能是对方从其他地方听到一些你的事情，或由介绍者那里得到某种先入为主的情感。

如果你是女性，穿着太奢侈、打扮太耀眼的话，就容易受到别人的误会，可能感受到某种发亮略带阴险的眼光在注视着你。这时你应在言谈、礼貌方面加以注意，这样才不会招致别人的误会。

※对方做没有表情的眼神

有人认为，人与人之间互相没有心怀不满或烦恼时，才会做出毫无表情的眼神，这种想法是片面的。人们在沉思时也会有这种眼神出现。当然，人们在沉思时的眼神各不相同，有的闭起眼睛，有的则出神地望着远方，还有的则会表现出毫无表情的眼神。一旦思维整理妥当或产生新的构思时，眼睛则显得很有神，或出现有规律的眨眼现象，这也是接着将要说话的信号。所以，交际中，面无表情要具体问题具体分析。

比如，如果你碰到一位朋友，你向对方说："我正巧到这附近，要不要一起去喝茶？"对方的眼睛表现出毫无表情的样子，说："很久不见，还好吗？"一时脸上堆笑，马上又恢复无表情的眼神。此时的眼神表示对方内心不安，并且对现状不满。

情侣两个在闲谈时，如果突然发生别扭，女生说："我要回去。"站起来要走，眼神毫无表情。此时，她心中可能隐藏着不满与不平。

性格懦弱的人，如果不喜欢被人请去做客，如果一开始能回绝固然好，偏偏这种人难以说出回绝的话，只好跟在后面，这时候他会出现面无表情的眼神。如果你看到这种情形，一定要关切地问他："你什么地方不舒服吗？"表现出关怀之意。

目光背后隐含的亲和与敌意

心理学家认为，一个人的眼睛最能准确地表达出此人的感情和意向，目光的互相接触有时能够帮助你控制谈话的局面。在交流的时候，目光是引起兴趣、增加吸引力和促进感情发展的重要手段。你一定不会陌生这样的一种状况，当你把目光投向某人的脸上时，却发现对方有意无意地将目光转移向别处。

大多数人都不会对那些自己并不熟悉的人进行直视，否则就会被认为是没有教养的表现，甚至被人看做是一种故意挑衅的行为。在生活中，你也可能遇到过两个人吵架的场面，两个人摩拳擦掌，怒目相对，目光中透出挑衅的意味，随着两人的距离逐渐缩短，激烈的"战斗"就开始了。记住，挑衅性的目光大都是直视，甚至盯住不放。美国某著名大学曾做过这样一项实验，他们让参加实验的男女学生站在十字路口，目不转睛地盯着那些等待着信号灯变绿的行人。结果，当出现绿灯信号时，行人为了逃避那些死死盯住自己的目光，都加快了自己的步伐，迅速穿过马路。

这个实验可以说明的是，人们都不喜欢别人用眼睛紧紧盯住自己。因为被人死盯住之后，心里就会产生一种威胁与不安全感。在生活与工作中，我们的角色是多样的，有时可能是一个发言者，有时也可能是一个倾听者，但无论你是在说话或者是在听别人说话，你都不应该向对方投以直视的目光。

如果你长时间盯着别人不放，任何人都会感到不自在。因为，眼睛长时间地盯着对方还有一种威胁的功能。警察在审讯犯罪者的时候通常对他怒目而视，这种目光对于拒不交代罪行的犯罪者来说，是一种无声的压力和威胁。

在人们的日常交往中，目光能显示出它的特殊功能。倾听者在倾听时，眼睛不断看着讲话人，一方面表示他在注意听着，另一方面也从讲话人的面部和唇部动作中更好地理解其话语的意思。讲话人观察听话人的目的只是为了了解自己的话所引起的反应，但如果他对听话人的观察过于频繁，就会分散自己的注意力，影响口头信息的传递，同时也会分散听话人的注意力。

因此，要把握你目视对方的时间，这一点很重要。

哈佛大学心理学家奥克斯林认为，两个人在交谈时，目视对方的时间约为谈话时间的一半，只有相爱者、相恨者或畏惧者，目视对方的时间才会超过谈话时间的一半。不过，在这个限度内，西方人目视对方的时间要比中国人长。谦逊内向的中国人在感到局促不安时，往往会将目光避开，减少目光交流。在感到坦然自得、心满意足或心神不定时，目光交流会发生相反的变化。如果两人身体比较接近时，目光交流就会减少。只有恋人或仇人才会在相距不足一尺距离内仍用目光交流来表示自己的倾慕或者不平。

在谈恋爱时，如果男女双方都因为初次谈恋爱而感到害羞，那么，两人起初很可能会长时间地避开对方的眼睛而看着不同的地方。谈话进行一段时间后，两人又很可能会偷偷地或短促地看看对方，而将大部分时间仍花在看地板或周围的任何一件物体上。随着谈话的继续，两人用目光相互打量的次数也会逐渐增多。最后，两人的目光就会长时间地紧紧地相接在一起，越谈越亲密。可见，目光在人们关系的发展中起了十分重要的作用，因此请你一定要把握好你的目光。

在多数情况下，大多数人是这样观察陌生人的：一般先看一眼，然后转视他方，这一眼算是跟对方打了招呼，但又不干扰对方独处，只是礼貌地故作不在意地一瞥。如果两人目光相遇，双方则需采取一些明显的举动表示对对方的尊重，例如，微笑、点头、问候或更为热情的举动。如要维持不相识的状态，则应回避目光相遇，这样才算是一种礼貌。如果相识者相遇时，双方应先目光接触，再相互打招呼。否则，看人一眼就立即避开，则是对人的蔑视，即认出某人却又不理他，人为地单方面把对方视为陌生人，那就只能是对人的一种轻视或侮辱。

把握好你的目光，让你的目光永远那样恰到好处，永远那样具有征服力与亲和力，这样当你与陌生人相遇时，便能迅速吸引别人的目光，你甚至可能会因此发现你的人生际遇发生了巨大改变。

最不会说谎的，就是人的双眼

眼睛被誉为"心灵的窗户"，这是被心理学界所公认的。透过眼神去窥视人的心理活动，是人们在社会生活中常用的方式。若是想要从眼神中透视对方心态，就必须掌握有关的理论和技巧。所以，心理学家就提出了一点——盯住对方的眼睛，不要放过。

人类是一种视觉动物。以品尝食物为例，我们绝不会只靠味觉，而是会同时注重食物的色香，以及装盛方式或排列方法等。这些都是视觉影响心理的现象。假使我们在阴暗的房间里用餐，即使知道那是美味佳肴，也会产生不安的感觉，使我们无心品尝。反之，在整洁、明亮、灯光柔和、食物装盛器皿精致的餐厅进餐，就会使人产生良好的就餐情绪。可见，视觉位居"五官之首"，和人的心理息息相通。

眼能传神。虽然每个人内心所思所想不一样，可是透过眼睛这扇窗户，却能看透人内心最隐秘的东西。

　　眼睛与脸部其他部位不同，其周围的肌肉更加发达。这既能保护眼睛不受伤害，又使得眼部本能的动作反射性很强，能最直观地反映内心活动。比如，当危险物品袭来时，眼睛周围的肌肉会反射性地让眼睑立即合上；当强光射来时，眼球内部的瞳孔会立即收缩，以避免眼睛受到刺激。正是因为眼睛具有这样本能的反应，也就不可避免地成为脸上最诚实的部位之一。那些源自内心的各种情绪，都会不自觉地透过眼睛流露出来。

　　另外，瞳孔的变化也是人不能自主控制的。瞳孔的放大或收缩，真实地反映着复杂多变的心理活动。一个人在兴奋、感到愉悦时，他的瞳孔就会比平时扩大四倍；相反，产生生气、讨厌、消极的情绪时，瞳孔会收缩得很小；瞳孔没有变化，表示对看到的人或事物漠不关心或者感到无聊。

　　因此，眼球的转动、眼皮的张合、视线的转移速度和方向、眼与头部动作的配合，都在传递着一些信息，传递着一个人内心的秘密。通过眼睛，你便可知道面前的这个人是和善还是凶恶、诚实还是油滑、喜欢你还是厌恶你。或许他整体上掩饰得很好，但总有那么一瞬间，眼神就可出卖他。

　　美国的大文豪爱默生说："人的眼睛和舌头所说的话一样多，不需要字典，就能从眼睛的语言中了解整个世界。"

从眼睛形态判断大致信息

俗话说："欲察神气，先观目睛。"在人际交往中，为了能让自己立于不败之地，除了自己对别人以诚相待外，还要留意多看对方的双眼，让自己在交际中占据主动地位。

※双眼皮的人

这类人个性比较为开朗热诚，感情丰富，别人一些贴心的举动或嘘寒问暖，尤其是来自异性的，就非常容易受感动，因而往往抵抗不了异性的诱惑。

※单眼皮的人

这类人个性比较冷静沉着，对感情的表达方式含蓄内敛，即使眼前站的就是平日欣赏或喜欢的人，也会尽可能保持镇定，不露痕迹。虽然为人积极，但其表现却让人感到冷漠而热情不足。

另外，单眼皮的人，通常耐力较强，比较能够承受压力，可以成为组织中的领导人才。

※内双眼皮的人

内双眼皮的人感性与理智平衡，既不会过度热情，也不会过度冷漠。这样的人善解人意，能适时表达情感，所以比较不会发生"表错情"或"会错意"的情形。

※大眼睛的人

眼睛偏大的人，通常比较大胆直爽，他们对许多事都感到很好奇，而且容易相信别人。

如果眼大且是双眼皮，人际关系通常不错，但有些多愁善感，天真没心机；如果加上眼睛水汪汪的，如电眼般，则是个"多情种子"，可能会有很多的风流韵事。

※小眼睛的人

这类人通常胆子比较小，他们的个性比较为保守谨慎，除非有把握的事，否则不轻易行动。对人对事都有警戒心，不容易相信别人，所以让人感觉个性多猜疑、精明且冷淡。不过眼小的人，在感情上较为专一，不容易变心，但却容易钻牛角尖。

※眼睛细长且大的人

眼睛细长且大的人，性情忽冷忽热，直觉敏锐，情绪变化明显，是心性宽大明朗的博爱主义者。

※三角眼的人

眼尾稍微上扬，给人一种阴险狡诈的印象。事实上，有这种眼睛的人，气短且占有欲强烈。当他爱上一个人时，会掏心挖肺地奉献，但由于没有耐性所以很容易立即表达感情。

※三白眼的人

瞳仁很靠上或者很靠下，看上去三面的眼白很多，故称为"三白眼"。这种眼睛的人，属于野心家，直觉敏锐。但是，很难以诚心交友，善恶观念全凭自己的利益而定。有危险性，若与之以兄弟好友相称时，要谨慎。

※猿眼的人

整体上看来，眼睛圆溜溜，除了有上双眼皮外，也有下双眼皮，头脑转得快，主意点子多，能靠自己的实力一展专长。

以上的方法，也可以试着对照自己看看。社交中如果觉得对方有什么不对劲时，先观察对方的眼睛，再结合以上经验，便可以有所领悟。

第三章

手部微表情：
巧手能言，察于细微

　　提到"巧手"，有的人会想到精美的艺术品，有人会想到曼妙的乐曲，有人会想到诱人的美食，有人会想到美丽的绘画……但是你知不知道，一双手还能够反应出一个人的心理变化。从手指到手掌，手的每一个细节都可能透露出手的主人的心理变化。当然，这种变化是细微的、不易被察觉的，因此需要观察者掌握一定的方法和技巧。

当内心不安时，手部会有怎样的表现

生活中有很多人会通过一些小的动作来掩饰内心的不安，比如，有的人在紧张的时候采取双臂交叉于胸前，或将一只手轻松地搭在另一只手臂上的姿势故作轻松、淡定。还有的人会假装不经意间用手触摸手表、手镯、手提包、袖口等物品来掩饰和排解自己的焦躁不安。查尔斯王子在出席露天活动时有一个标志性动作，即用手调整纽扣。凡是出席露天活动，且有许多民众的注视时，他都会习惯性地调整自己的纽扣，从而为自己营造一种安全感。

一般人看到这些动作根本就不会注意，认为这只是下意识的行为而已，但是心理学家却告诉我们，不要小看这些微乎其微的手部小动作。

一般来说，大多数男性在感到焦虑不安，或意识到自己的行为或外表有所不妥时，往往会不断地翻查口袋、调整表带、摆弄衣袖，或双手紧握，手抱肩膀；而大多数女性，除了上述小动作外，她们往往还会用手紧紧抓着自己的钱包、手袋，用手摆弄小饰品，用手握茶杯等隐晦动作来掩饰自己的情绪。

为什么人们喜欢选择用触碰物品的方式，来掩饰和排解不安情绪呢？其原因主要有两点。

第一，当人们做这一动作时手臂必然弯曲，而弯曲的手臂很自然地在自己与他人之间形成一道屏障，因此在这道屏障的保护下，内心的安全感便油然而生。

第二，这些动作简单且不易被察觉，所以为人们所推崇。

其实，几乎所有人都曾用过手部动作来进行自我保护，只是大家当时没有意识到这些动作的真正意义。希望大家在读过这篇文章后都能深受启发，不再忽略掉任何手部小动作所传递的信息，进而通过手部信号读懂人心。

当手背在身后时，代表何种心理？

　　汤姆·特鲁斯警官在警察局发现一个有趣的现象：没有佩带武器的执法人员通常会摆出抬头挺胸、微扬下巴、双手紧握背在身后的姿势，而佩带枪的警察们则很少采用这一姿势，他们通常喜欢将双臂自然地垂于身体两侧，或是用大拇指扣住手枪的佩带。对此，汤姆·特鲁斯警官解释说："没有佩带武器的警察这样做的原因，是希望自己的腰板更挺直，看起来更加高大；而随身佩带枪支的警察已经充分地用手枪体现了自己身份的权威性，因此他们根本不需要借助将手背后的姿势，来体现自身的权威。"

　　生活中，在街上巡逻的警察，在校园里巡视的校长，在公司中视察工作的领导以及那些居于高位或具有一定权威性的人，他们在工作或面对下级时，常常会习惯性地做出同一动作，即将手背在身后。可以说，当一个人在下意识中将自己脆弱且易受攻击的咽喉、心脏、胃部以及髋部暴露在外面的时候，足以表明此人富有勇气和胆量，不畏惧困难和艰险。另外，如果人们在高压环境中使用这一姿势，譬如在医院候诊室候诊或面对众人讲话，那么这个动作还有助于增强自信心，并让人看起来更加具有权威性。总之，将手背在身后的姿势与一个人的信心、权威和力量相伴相随。

前面我们介绍过，同一动作会因肢体的细微变化或放置位置的不同而产生不同的效果，表达不同的含义。下面我们就针对两种不同的背手姿势，来具体分析一下它们的不同含义。

※握手腕式的背手方式

如果背在身后的双手不是握在一起，而是一只手抓住另一只手的手腕，这个动作的含义是：首先，握住手腕的动作表明此人内心充满了挫败感，且希望能够借此动作来增强自信。其次，这是一种防御手势，表明此人此时心中的防御心理很强。

※握上臂式的背手方式

一个人握住另一只手的那只手抓握的位置越高，往往表明此人心中的挫败感或愤怒情绪越强烈。

只要我们稍加留意，便会在周围人的身上轻易发现上述两种背手方式，他们都希望通过这一动作来掩饰自己的紧张情绪，增强自己的信心。如果你在某一时刻发现自己也做出了类似的动作，那么最好调整一下背后双手的位置——换成手握手的形式。请相信，这小小的改变有时就能让你倍感自信。

当手抹脖子或拍脑袋，有什么暗示？

在英语中有这样一句话——"Pain in the neck"。这句话的字面意思一般人都能看懂，即脖子疼痛。但是这句话还有一层含义，指的是那些讨厌的人或麻烦的事。

现代生理学家发现，当一个人遇到自己讨厌的人或事时，他脖子后面的肌肉组织就会呈现乳突状，也就是人们常说的鸡皮疙瘩，而这种生理变化又会带来疹痒感，因此，此时人会用手抓挠自己的脖子以消除不适。

如果一个人感到沮丧和恐惧时，也会在脖颈处泛起鸡皮疙瘩，进而产生抓挠脖子的动作。如果一个人拍打脖子，往往表示别人的提问已经让他的脖子后面起了鸡皮疙瘩。这时虽然他表面上是在责打自己，实际上可能正在心里咒骂对方。

此外，习惯拍打后颈的人大多个性较为内向，且为人刻薄；而一些习惯拍打前额的人大多比较外向，很容易相处。

戴维把一份很重要的会议记录落在了员工餐厅，还好随后就餐的同事凯利发现了，并将记录交还给了他。当戴维见到失而复得的会议记录时，一边对凯利表示感谢，一边用手拍自己的前额。

　　以上的故事中，戴维正是用拍前额这一动作来"惩罚"自己的健忘，我们可以从中体会到他的懊悔之情。其实这一幕在我们的生活中也经常上演。例如，当你拜托某人做一件事情，而他却把这件事完全忘记了，那么当你问起他时，他很可能会拍打自己的头部，以示懊悔和歉意。不过，假如一个人拍打的不是自己的前额，而是后颈，那么往往表明他对自己的健忘并没有特别在意，也不太担心别人会兴师问罪。

当手指摸嘴唇时，代表着什么?

在电影里经常会有这样的镜头：一个人做了坏事，当他假装正常地从警察身边走过时，眼睛总会向警察的方向瞄一眼，然后用手遮住嘴巴，或触摸嘴唇，轻咳一声。如果他被警察拦住问话，那么他还会假装从容地放下手应答。看似一连串简单的动作，但是有经验的警察却能轻松从"一遮""一摸""一咳"中发现罪犯的心理破绽。

心理学家对于这个动作给出了这样的解释："当一个人在与另一个人交谈时，如果对方做出遮嘴巴、触摸嘴唇的动作，那么很大一部分原因是他在说谎，并正试图通过此动作来掩饰自己说出那些谎话，或遮挡说谎的痕迹。为了自然起见，有些人还会在遮上嘴巴的时候假装咳嗽。"

情景一：

母亲正在询问孩子考试成绩。

妈妈："前天学校测试的卷子发下来了吧？"

孩子："呃……"（咳嗽一下，并用手指触摸一下嘴唇）

妈妈："拿给我看看。"

孩子："数学卷子没有发（先是挤了下鼻子，而后又用手摸了下嘴唇），语文的卷子发了。"

（孩子的数学卷子就在书包里，只是分数过低，于是说了谎，而将分数较高的语文卷子拿出来给妈妈看。）

情景二：

梅丽斯和斯维尔在公司休息室聊天。

梅丽斯："今天发奖金了！"

斯维尔："这个月大家发的奖金一样多吗？是300美元吗？"

梅丽斯（惊讶地）："啊？（下意识地触摸嘴唇，随之点点头）应该是吧？（转话题）今天咖啡冲得比上次的好喝吧？"

（其实，梅丽斯的奖金是500美元，而且她知道的几个同事都是500美元，梅丽斯下意识地触摸嘴唇，是不想让斯维尔知道这个事实。）

可以看出，触摸嘴唇的动作在生活中非常普遍，正如上面的情景中，每当人们有难言之隐准备说谎，或是说了不该说的话时，都有可能做出这个动作。因此，当你和别人交谈时，通过察言观色，如果对方像"情景一"中的孩子一样，说话停顿并用手不停地触摸嘴唇，或是像"情景二"中的梅丽斯一样，说话说到一半或刚开了个头就突然打住，并下意识地触摸嘴唇，那么对方很可能正在说谎或隐瞒了一些事实。

虽然用手触摸嘴唇的动作，大部分都与说谎或欺骗有关，但也有例外的情况。当人们内心需要安全感时，往往也会通过触摸嘴唇的动作来实现。

其实，如果要追溯这一现象的来历，也许要追溯到孩提时代，特别是与婴儿时期吮吸母亲乳头的行为有关系。因为孩子长期在母亲怀中做着吮吸动作，他长大后就会在潜意识中将此动作视为一种获得安全感的方式。所以，当人们渴望安全感时，也可能会下意识地做出触摸嘴唇的动作。

总之，只要我们结合语境和谈话的内容，很容易判断一个人触摸嘴唇的动作的含义，是表明他正在说谎，还是想要隐瞒事情，或是缺少安全感。

当手摸下巴时，他在想些什么？

我们说过下巴能够显露人的个性特征，其实与下巴相关的一些细微的肢体动作，也有着丰富的含义。下面再让我们了解一个与下巴有关的肢体语言——抚摸下巴的心理秘密。

人们在聆听别人讲话的过程中，大多会不自觉地将一只手放在脸颊旁边，这是一种思考的姿势。而随着时间的流逝，交谈向前推进，人们往往会停止这种思考的手势，转而用手抚摸下巴。其实，这一肢体语言的含义非常简单，即表示当事人正在考虑如何作出决定。不过，这时人们抚摸下巴的动作还没有做完，接下来的手势更为重要。

※双臂舒展，微微点头

如果一个人在做出抚摸下巴的手势后，双臂舒展，身体前倾，再或是拿起对方提供的诸如建议书、试验样本之类的材料翻看，那么表示他认同对方的观点，并能够给出一些肯定的意见。抚摸下巴后双臂舒展，微微点头的肢体语言被视为一个人对另一个人的观点表示默许的动作。因此，当你与人交谈时，如果对方有如此反应，那么你便可以放心大胆地继续发表自己的见解和建议了。

※皱眉，身体后倾

如果一个人在抚摸下巴时紧锁眉头，之后双臂或双腿彼此交叉，再或是后背紧紧地贴着椅背，那么这就是一种否定的信号，而此人也可能会提出一些反对意见。因此，你在谈话时，可以借助这些肢体语言判断对方的心理，进而抓住机会，重点阐述自己观点中最有说服力的部分。如果等到别人提出反对意见时再进行申辩的话，那么大家就更难达成一致了。

此外，有些人在抚摸下巴后会将手指放在嘴唇中间，这表明他正在迟疑；若将手指或手掌支住头部，则表明他已经厌倦。

总之，判断一种肢体语言的含义，一定要结合不同的环境、地点以及前后连续的动作，这样才能确保自己的判断准确无误。

五种心理状态的手势动作

心理学家们经过多年的研究，总结出了一系列的手势语言。下面将着重介绍常见的五种手部语言，帮助你在日常的人际交往中，通过观察对方的手部动作，判断他的心理活动。

※思考的手势

提到思考的手势，也许大多数人的脑海中首先会浮现出法国著名雕塑家罗丹的作品《思想者》：他右手托腮，神情凝重，俨然一副聚精会神的思索状。其实标准的思考手势是：将握住的手放在下巴或脸颊处，有的人还会将食指竖立起来。因此，如果有人在你面前摆出这种手势，那么往往他正在思考，心中正在盘算着什么。

※厌倦的手势

当人们对说话人的言语失去兴趣，却出于礼貌佯装感兴趣的样子时，他们的手势往往会显示出他们的厌倦感。厌倦的手势和思考的手势很类似，也是用手托着下巴或脸颊，因此有不少人见到这种手势会误以为对方听得入迷，更加兴奋地继续自己的高谈阔论。其实，只要仔细观察，还是能够发现二者的明显区别的。

当厌倦感袭来时，人们往往会将原本挨着脸部的手或手腕逐渐变为头部的支撑。一般来说，开始时，人们只会用一个大拇指托着下巴；随着厌倦程度的提升，逐渐变成用整个拳头支撑下巴；当极度缺乏兴趣时，就会用手掌托着整个脑袋，像是要防止自己不小心睡着似的。而真正感兴趣的思考手势，头部往往会保持直立的姿势，手轻轻地靠在脸颊上。因此，如果你在讲话时感受到厌倦的手势信号，那么最好更换话题或中止自己的发言。

※迟疑的手势

不难发现，有些人在思考的手势后会紧接着做出抚摸下巴的动作，这个动作往往表明他正在考虑如何作决定，即正在迟疑。当然，人们在迟疑时还会有多种表现。例如，有些戴眼镜的人会把眼镜摘下来，用嘴咬着眼镜腿，默默沉思；而有些吸烟的人在考虑如何作决定时，会缓缓地吐出一口烟；还有些人喜欢把东西放置在嘴唇上，认为这件东西可以为他的迟疑提供借口，让他可以不必那么急切地给出答案。因此，当你向某人征求意见，而他却把手或钢笔等东西放在嘴唇的位置，那么往往表明他还在犹豫不决，需要更多的时间和建议来帮助他做决定。

※尖塔形手势

所谓尖塔形手势，就是将一只手的指尖轻轻地搭在另一只手的指尖部位，形成一个尖塔状，看上去就好像是教堂高耸的尖塔。尖塔形的手势经常出现在上下级间的谈话中，而这一手势通常代表自信。例如，当上级指导下级，或在给下级提建议时，他们往往会在说话时使用这一手势。此外，从事会计、律师以及管理者工作的人对这一手势往往也情有独钟，自信的高层管理人员也会经常使用这一手势……可见，很多人都喜欢用这种手势体现自己的身份。因此，如果你想使自己看起来更加自信，那么尖塔形的手势可以帮助你。不过，如果你想说服对方，或赢得他人对你的好感，那么应尽量避免使用这种手势，因为它有时会给人一种狂妄自大、自鸣得意的感觉。

另外，尖塔形手势分为两种：一是举起的尖塔，人们通常在发表自己的意见时，会使用这种手势；二是放下的尖塔，当人们在聆听他人阐述观点时常用这种手势。相对而言，女性更偏爱使用放下的尖塔手势。

※托盘式手势

使用这一姿势的多为女性，她们通常用这种手势吸引心仪男性的注意。假如对面的男性颇让自己心动，那么大多数女性便会不由自主地将一只手搭在另一只手上，然后双手撑住下巴，头部微抬，将脸迎向对方。那感觉好像是把自己的脸当成一件艺术品，希望对方能够细细品味。

托盘式手势本身没有任何负面色彩，而且在向心仪的对象表达爱意时往往能发挥积极的正面效应。

人们的双手总是置于身体前方，而它们的一举一动往往会暴露人内心的情绪和想法。而且，双手的肢体语言比较容易学习和掌握，只要我们仔细观察、善于思考、勤加练习，那么任何人都有可能成为一个手部肢体语言大师！

人在不同情绪下的手部活动

手部作为人类肢体上最灵活的部位，其传递的信息十分丰富，可以说，它表达情感的能力绝不亚于语言表达或面部表情，而且人们下意识的手部动作，往往更能真实地反映他们的内心感受。

当然，任何肢体语言都要结合情景才能揣摩其含义，摩擦和紧握双手的动作也是如此，在不同环境中代表着不同的含义。

情景一：

凯特琳的好友安娜提议假期去附近的滑雪场滑雪，在她们交谈的过程中，凯特琳一直将身体靠在椅背上，笑眯眯地望着安娜，并不断且快速地摩擦手掌。

从凯特琳的手部动作，我们仿佛听见她内心急切的呐喊：我已经等不及了，我恨不得立刻就去！可见，凯特琳这种迫不及待的心情以及对滑雪无限期待的情感全都呈现在自己的手部动作上了。其实，人们常用摩擦手掌来表示对某一事物的期待之情。例如，在投骰子前，大多数人都会将骰子置于掌心，反复摩擦，其目的就是希望投出一个好数字。

情景二：

斯考特想买一套新房子，他来到一家房产经纪公司。当斯考特陈述完自己的购房要求后，房产经纪人一边快速摩擦双手，一边笑着说："先生，您太幸运了，我手头正好有一套适合你的房子！"

可以说，这里的房产经纪人摩擦双手有两层含义。首先，可以看出他是十分希望斯考特购买自己的房子；其次，他用快速摩擦的动作向斯考特表达：你才是这笔买卖的受益者。试想一下，如果这个房产经纪人在说话的时候缓慢地摩擦手掌，那么斯考特一定会认为眼前这个家伙正在盘算什么或隐瞒了什么。很多时候，摩擦手掌的速度往往可以暗示出动作者心中的受益者是谁。

情景三：

艾冬妮在一次商务谈判中失利，丢掉了一笔大生意。她向自己的老板汇报谈判经过，随着描述的深入，她的双手渐渐握在一起，并且越握越紧，甚至手指都开始泛白，看上去她的两只手好像被焊在一起，动弹不得。

谈判专家卡莱罗曾针对紧握双手这一动作进行深入的研究，他发现人们在有挫败感的时候常使用这一手势，而且这一手势的使用也表明当事人处于焦虑、消极的状态之中。

另外，卡莱罗还分析出双手所处位置的高低，往往与此人心理挫败感的强烈程度有着密切的关系。具体来说，当一个人将紧握的双手抬得很高或置于身体中间位置时，要想与其有进一步沟通可能会有些困难，而如果他将紧握的双手置于身体下部时，与其沟通要相对容易一些。

大拇指的指向，就是心理的指向

手部语言是极其丰富的，一个细微、简单的动作就能看透当事人的心理活动，而拇指作为人手最灵活的部分，其肢体语言也十分丰富。

在古罗马帝国，古罗马人会用竖起或扳下大拇指的动作来表示角斗士的生死。这就表明，拇指一般代表着力量和自我，是一种权威的象征。与拇指动作有关的语言，大多数人都是可以凭直觉或本能来破解的，不过为了能够准确、全面地掌握各种拇指动作，这里还需要为大家详细讲解一番。

※留在口袋外的拇指

这种手势在生活中很常见。可以说，凡是觉得自己高人一等，或是处于优势地位的人，常在不经意间做出这样的动作。查尔斯王子就很喜欢这样做，以此展现出自己卓越的自控能力。在办公室里，老板们会在巡视员工工作时使用这一动作，而当老板不在的时候，下一级的负责人在巡视时也会像老板一样将手插在口袋里只留拇指在外面。可是，下级们大都不敢在上级面前摆出这样的姿势。

※抱臂时露出拇指

这也是一种常见的展露拇指的动作，具体而言就是指那种将双臂交叉抱于胸前，双手置于腋下，而将拇指露在外面的姿势。这一姿势包含了两层含义，即通过交叉重叠的双臂说明此人心存防备或否定的心理，而又通过外露的拇指说明他有很强的优越心理。

一般情况下，以这种方式抱臂的人在说话时往往会不断地活动拇指，如果他们处于站立姿势时，他们往往又以脚跟为轴心摆动身体。

※握拳时竖起的拇指

对人竖起拇指的动作通常有两个含义，若拇指向上，则表示赞扬、赞同、赞美、鼓励之意，而拇指向下则表示嘲讽、奚落、贬低等不敬之意。

除此之外，拇指的指向也能表示嘲讽、奚落等不敬之意，很简单，就是用拇指指向某人。例如，一位向朋友诉苦的丈夫就很可能会用拇指指着自己的妻子，然后说一些"她总是那么唠叨，啰啰嗦嗦"之类的话，而结果往往是引来与妻子的一番争吵。在这种情况下，丈夫晃动的拇指表示的就是一种奚落妻子的意思。因此，这种用拇指来标指对方的手势通常会勾起女性的怒火，尤其当做这一手势的人为男性时。尽管女性有时候也会用这样的手势来标指自己不喜欢的人，但是，总体而言，其使用频率还是很低的。

合掌伸指手势，意味着什么

曾经有人做过这样一个实验。实验中，他要求三个参与实验的志愿者面对众人进行长约10分钟的演讲，在演讲过程中要分别频繁地使用三种手势，即掌心向上、掌心向下、合掌伸指的动作。与此同时，他会和助手记录观众们在每一位演讲者讲演期间的动作和表情，并由此统计出他们对演讲者的支持率。实验结束后，研究者发现，演讲时频繁使用掌心向上这一手势的演讲者，获得了观众84%的支持率；而演讲的内容不变，仅仅让演讲者在演讲时刻意地用掌心向下的手势，其获得的支持率降低到52%。至于使用第三种合掌伸指手势的演讲者所获得的支持率更低得可怜，仅有28%，而且在他演讲的过程中，有不少观众提前退场。

为什么使用合掌伸指手势的演讲者获得的观众支持率最低，且其演讲内容的后期影响力也是最低的呢？也许这都要归咎于合掌伸指的手势背后所反映的内涵了。

合掌伸指是指将手握成一个拳头，只留出一个手指的手势。

这唯一的突出于拳头的手指仿佛凝聚了整个手掌的力量，一触即发，令人很不舒服。人们使用合掌伸指的手势会给别人留下咄咄逼人、爱挑衅生事、鲁莽的印象，而且经由他们本人传递出的信息和话语不会受到对方的欢迎。所以，常做这种手势的人，会令周围的人不知不觉地远离他。

如果一个人在讲话时采用这种手势，并将这根手指指向某人，往往会让对方感觉到一种隐藏在手指背后迫使人妥协的力量。因此在上面的实验中，当演讲者用这一手势直接指向下面的观众时，观众往往会将注意力转移到这个手指上，并对其产生负面评价，进而不再关心他演讲的内容。

另外，合掌伸指的手势还会给人际关系带来消极的影响。因为这个手势常常伴随有举臂、挥拳等动作，对大多数人而言，这往往是攻击别人的前奏。

同一个肢体语言在不同国家和地区可能有着不同的含义。不过对于合掌伸指这个手势所包含的负面信息还是能被所有国家和地区的人认可的，只是在程度上存在些许差异。例如，在菲律宾，合掌伸指就是对对方的一种极大的侮辱。因为在当地这样的手势只会被应用于动物身上。而在马来西亚，人们为了避免合掌伸指，他们常常会使用拇指为别人指路或指明对象。所以，如果你不想引起不必要的误会，那么到这两个地方千万不要摆出合掌伸指的手势。

第四章

握手微表情：

友好的开始，一手的信息

握手对于一个人的人际交往来说，是一件非常平常的事，以至很少有人去细心地观察，最多就是了解一些基本的礼仪，不出洋相即可。但是殊不知，看似平平常常的握手中也包含着丰富的信息，而这些信息对我们了解一个人也是很有帮助的。从握手的力度、方式，以及握手时表现出状态、神情等多方面收集一些信息，就能迅速地将这个人的心理摸透，真可谓是一切尽在掌握中啊！

怎样通过握手，看穿对方的内心

　　与人握手的经历大家都有过，不过很少有人会去探究其中的学问，事实上握手的动作背后隐藏着大学问。当一个人的手和另一个人的手相互触碰的那一瞬间，就意味着一种交流的开始。这好比有一种电波在人和人的身体和心灵上展开了传输。一旦握手动作发生，这种电波就会瞬间在彼此之间产生。而从这种微弱的电波中，我们就可以感知别人的内心。

　　一些非常有经验的人会通过握手来打探一个人的底细，或者通过握手对其施加某种压力。其实生活中很多读心高手也是这样做的，只是因为我们中的大多数还不知道握手的动作隐藏着什么样的秘密，常常被动地将自己暴露在别人面前。如果我们能变被动为主动，掌握握手动作中隐藏的秘密，并从握手动作中提取有用的信息，那么我们就等于抓住了一次解读他人内心的机会。

　　以下是几种常见的握手动作，下面就让我们看看这些动作隐藏着当事人怎样的心理。

※握手时间长且握得很紧

当一个人握着另一人的手很长时间时，要看看谁先把手抽回来。可以说这是一种测验支配力的方法。先抽手的人往往比另一个人要缺少耐力，且在交涉过程中容易处于弱势，而后抽手的人，在人际交往中常常会迫使对方作出让步。

※在手掌上搔痒

当一位男士与刚认识的女士握手时，如果他用食指去搔对方的手掌，通常表明这位男士对那位女士有性爱方面的幻想，并且希望得到她的响应。可以说，这种示爱方式太过明显直接，常令女士们厌恶。

※轻握一下

有些人在握手时喜欢把对方的手握得很紧，但有些人只握一下便立即把手松开。在社交场合上，采用这种握手方式的人常常表现得很轻松自在，但其内心却是多疑的。如果别人对他突然间变得很友善，那么他往往会提高警惕，会和对方多周旋一会儿，他会利用这段时间来探究对方真正的企图和动机。

※手掌微湿

这种人表面上冷漠、平静、泰然自若，但实际上他们是非常容易紧张的人。他们为了隐藏自己的缺点，对于自己的姿态、言语或举动都十分谨慎。当危机发生时，人们喜欢向这类人求救或请他们作指导，但许多人可能不了解，其实他们自己可能比别人更加害怕或紧张。

※握手无力

采用这种握手方式的人心态大多消极，对任何人或事都不感兴趣，缺乏活力。他们像典型的受害者，最大的特征就是软弱和犹豫不决。

※用双手握手

采用双手握手的人大多不喜欢遵守传统习俗或社交礼仪，无论对方是男性或女性，他们都有可能随性亲吻或拥抱对方。在社交中，这类人往往最受欢迎。虽然许多人不太习惯这种开放作风，甚至抱怨他们太过热情，但通常也会响应他们的热情，用同样的态度对待他们。

※不喜欢握手

有些人因为害怕别人身上有潜伏的传染病，因此避免与人握手。另外，有些不和异性握手的人，有时表明他对性行为和过剩的性能力有恐惧症。总之，这类人偏好自己生活，自己睡一张床。

一次握手行为就是一次思想与思想的沟通，一次心与心的交流。因此，当两个人的手紧紧相握时，它传递的不仅仅是问候，更是一种投石问路的试探，或者是一种抛砖引玉式的前奏。记住，只要我们留心观察，就能利用握手的动作窥探别人的内心。

握手的方向，与内心的想法

自古以来，人们就喜欢将摊开的手掌与诚实、坦率、忠贞、谦恭等褒义词联系起来。时至今日，在许多庄严的宣誓中，人们会被要求将手掌置于心脏的位置以示坦诚；在法庭上，证人们也需举起手掌以证实自己证词的真实可信。

通常情况下，人们会用展开的、一目了然的掌心方向来表示自己是否有诚意，是否带有恶意。所以掌握一定方法的我们，就可以通过掌心的方向来判断一个人是否足够坦诚，说的话是不是真的。

那么，掌心方向的不同到底隐藏着什么样的秘密呢？下面就让我们一起来解读一下。

※掌心向上

可以说，掌心向上是一种用来表示妥协、服从和善意的手势。同时，这种手势也是乞丐乞讨时惯用的一种动作。从人类社会发展的进程来讲，古代人掌心向上，主要是告知对方"我的手中并没有武器"。而现代人掌心向上，表示的内涵更丰富一些，例如，当你向某人提出移动重物的要求时，对方肯定会很不情愿，甚至有被你胁迫的感觉。不过，你在说话的同时，一边向他伸出右手，摆出一个手心向上的手势以示"请"的意思，那么情况也许就大不相同了。这个手部动作能传达出一种信息，即你真诚地希望获得对方的帮助，获知这种信息，对方便不会再推辞，而是心甘情愿地帮你做事。

讲到这里，也许有些人会认为掌心向下的内涵与掌心向上的内涵应该相反，代表欺诈、背叛的意思，事实并非如此，掌心向下也有自己积极的内涵。下面让我们再了解一下掌心向下的内涵。

※掌心向下

对于掌心向下所能展示的权威性，在我们生活中也是比较常见的。例如，有一对夫妻手牵手散步，那么居于支配地位的一方往往会稍稍走在另一方的前面，而他的手也会自然而然地压在跟在他后面的另一方的手的上方，当然其掌心会很自然地朝向后方，同时，另一方的掌心会向前迎合。尽管这是一个很小的细节，但是对于一名肢体语言观察者而言，这些信息足以让他判断出谁是一家之主了。

掌心向下是一种代表权威性的手势，所以这种手势最好对晚辈、下属使用。如果你在与自己身份、地位平等的人讲话时做出了这种动作，那么便会让对方产生压力感，并对你产生抗拒心理，进而影响彼此的关系。不过如果我们能在生活、工作中恰当地运用这种手势，做起事来往往会事半功倍。

如果你不想让对方反感，这八种握手行为不要做

握手是人与人之间最常用的社交礼仪，同时也是一个人礼貌的最显著的外在表现。可以说，握手的方式能清楚地显示出一个人的气质、教养以及内涵。因此，为了能够将自己良好的形象展示于人，我们应该把握手这一礼节学习好。

握手的方式不同，就会引起不同的效果。这其中有八种最容易引起别人反感的握手方式，下面将为大家一一介绍，这也提醒我们在今后的社交活动中应多加注意，并尽量避免使用这些不受欢迎的握手方式。

※单刀直入式握手

惯用单刀直入式握手方式的人，其性格往往非常好胜，且

防备心理很强。他们采用这种握手方式，最主要的目的就是要与对方保持一定的距离，使其远离自己的安全界限。另外，一些在乡村长大的人，对于个人空间的要求往往会比生长在城市中的人要多，因此他们为了保护属于自己的领域，也会在握手时采用这种握手方式。他们在使用这一握手方式时，通常会将身体稍稍前倾，或将重心转移到一只脚上，从而确定自己的私人空间不受侵犯。

※扳手式握手

一些善于弄权的人，对这种扳手式的握手方式可谓是情有独钟，而被握手者则常常会因为对方用力过大而感到手很疼痛。一般情况下，在扳手式的握手后会紧跟着犀利的攻势。例如，握手双方中的一方用力抓住对方伸出的手，与此同时突然发力，将对方向自己这边猛地一拉，结果被拉的一方有时会因身体失去平衡而方寸大乱。其实，将对方拉到自己的领域之中的动作蕴涵了三种含义：第一，拉人的一方缺乏安全感，一旦进入他人的领域，他就会感到紧张、害怕，所以他用这一方式使自己留在自己的私人空间中；第二，被拉的一方对于个人空间的要求并不高，几乎没有私人空间的要求；第三，拉人的一方想通过使对方失去平衡的方式获得控制权。

总之，不管是上述三种含义中的哪一种，使用这种扳手式的握手，往往都能将对方拉进自己的控制圈内。

※压泵式握手

顾名思义，压泵式的握手动作就好像是握住水泵的手柄，用力且有节奏地上下摇动。其实，这样的握手动作并非完全不能接受，许多人就常采用这种方式。

关键在于，有些使用压泵式的握手方式的人异常执著，如果不加打断，他们会一直这样摇下去，使被握手的一方难以招架。

※老虎钳式握手

这是男性在工作时最喜爱运用的握手方式，他们希望利用这种无声的动作说服对方。这种握手方式，在一定程度上体现出使用者对于权力的渴望，以及他对于控制双方关系，乃至控制对方的信心。

使用这种握手方式的人，通常会果敢且有力地先伸出手，而手掌的位置较一般握手位置偏低，然后再有力地握住对方的手，精神饱满地抖动几下。

※蜻蜓点水式握手

这种握手方式多发生在异性之间，通常是因一方没能及时注意到另一方所发出的握手邀请，而突然间发现后想立刻伸手补救，结果在慌乱中双方只能以这种蜻蜓点水式的握手进行简单的问候。虽然先发出握手邀请的一方看似非常热情，但他的内心往往很不自信，他不能肯定对方是否能够回应自己的邀请，而采用蜻蜓点水式的握手其实是他想与对方保持一定距离，使双方都不至于过度紧张而使用的缓兵之计。

另外，握手双方对个人空间认识的差异也可能导致这种握手方式的出现。比如，当握手双方中一人认为的私人空间为60厘米，而另一个人认为是90厘米，那么后者所站立的位置就会比前者预计的位置远一些。因此，距离的误差会使两人的握手往往不能按照前者预计的方式进行。假如你遇到了这种握手方式，你可以用左手拉过对方的右手，轻轻地放到自己的右手中，然后微笑着对他说："我们重新来一次，好吗？"然后再与对方以平等的方式握手。这一做法可以让对方感觉到你对他，以及这次会面的重视，大大提升你在对方心中的印象。

※死鱼式握手

在所有握手方式中，也许没有比握手时感觉自己像握住一条死鱼的情形，更令人反感的了。

大多数人都会把握手方式与人的性格联系在一起，而死鱼式的握手会给人一种软弱无力的感觉，让人觉得使用这种握手方式的人性格懦弱。因此，死鱼式的握手被公认为最不受欢迎的握手方式之一。此外，使用这种握手方式的人，一般缺乏责任感，不愿承担此次两人见面所产生的责任和义务。

当然，我们在考虑身体语言所传递的含义时，还要考虑到文化或其他因素的影响，握手方式也是一样。例如，在某些亚洲和非洲地区，由于当地文化因素的影响，轻柔的握手方式是极其普遍的，强硬的握手方式反而被认为是无礼的行为。

一般人都知道，用一只满是汗水的手去握手是非常不礼貌的。因此，明智的人会随身携带面巾纸或手绢，并在每次握手前将手心里的汗擦干净，避免了因手汗而给对方留下不好的印象。

※荷兰式握手

在荷兰，又称为胡萝卜串式的握手。因为这种握手方式源自荷兰，所以也有人称其为"荷兰式握手"。说起来，这种握手方式与死鱼式的握手算是"远亲"，只不过力度更大，而且摸起来感觉要干燥些，没有了那种湿乎乎的感觉。

※碎骨机式握手

碎骨机式握手与前面的老虎钳式握手相似，不过这种方式更为激烈，在八种令人反感的握手方式中，这种方式不仅令人反感，而且会令人生畏。因为碎骨机式握手不仅会在对方的脑海里留下糟糕的印象，甚至还会给对方的身体造成一定伤害。

碎骨机式握手好比一个标签，凡是贴有这个标签的人，其性格往往都富有侵略性，喜欢在别人毫无防备时先发制人，抢占先机，并试图利用强大的手掌力量给对方一个下马威。如果在社交中有人故意用这种方式来向我们示威，我们可以让所有人都注意到这一点，大声说"天啊，你把我的手握得好疼"或"你的力气实在太大了"。如此一来，这个人就不得不有所顾虑，有所收敛了。

握手是交际的一个组成部分，握手的力量、姿势与时间的长短，都能够体现出握手者的个性与心理。总之，为了给人留下好印象，我们在握手时应努力合乎规范，避免做出一些失礼的握手动作。

初次见面时，如何通过握手判断对方的动向

双手握手可以说是一种非常受欢迎的握手方式，有些人也将这种握手方式称为"政治家式的握手"，而采用这种方式的人，大多想凭此动作给对方留下一个诚实且值得信任的好形象。其实，当一个人用双手握住另一个人的手时，彼此的眼神交流也开始了，而且此时在他们脸上通常还会流露出一种自然、亲近的神情，因此我们在那些惯用双手握手的人的脸上，常常会看到非常真挚的笑容。不难想象，如果此刻其中一方大声呼唤另一方的名字，然后亲切地询问其近期状况，那么两个人的距离必定会在这一瞬间被拉近。

但是这种握手并不是什么场合都适用的，如果是对待刚刚认识的人，使用这种握手方式，其效果就会大打折扣，甚至还可能适得其反，让对方怀疑你的动机，从而令对方感到反感。

威廉·波特先生在一次舞会上邂逅了一位气质优雅的女士，并深深地被她的气质和美貌所吸引。后来经过朋友的介绍，威

廉·波特有幸和这位心仪的女士再次相见，并热情地伸出双手，紧紧地握住了那位女士的手。但是威廉·波特的热情并没有换来同样热情的回应，那位女士略显尴尬地迅速将手抽回，她显然是被眼前这个初识的男士的热情吓到了。威廉察觉了女士的反感，自己也觉得十分尴尬，两个人在简短的寒暄之后便各自匆匆离去，从此也没了下文。显然，威廉在初次时使用这种握手方式引起了女士的反感，本是表达热情的握手方式，因为适用场合的不对，起到了事与愿违的反作用。

事实上，双手握手法，比较适用于那些能够接受拥抱这一问候方式的国家和地区。从另一方面来讲，当人们遭遇攻击时，90％的人都会下意识地举起右手对抗外界袭击，进而保护自己（这是人类的一种天生的应激反应）。但是，当我们使用双手握手法与他人握手时，便在无形中剥夺了对方做出此类行为的机会。因此在与他人第一次见面时，我们最好不要采用这种方式与其握手。

此外，我们在使用双手握手时，除了上面介绍的这一禁忌外，还有两点要特别注意。

第一，双手握手时，左手的摆放位置通常代表一个人对另一个人的亲密程度，比如拥抱时处于下方的左手，往往决定着拥抱双方的亲密程度。因此，当我们用双手握手时，左手的位置距离对方越近，就意味着我们与对方越亲密。

第二，采用双手握手法时，随后伸出的左手会进入到对方的安全距离之内，通常情况下只有在对方认可的亲密关系下，我们才能用左手握住对方的手腕、肘部或臂膀。

其实，手腕和肘部的接触也只是刚刚进入对方私人空间的外层部分，而最能体现双方亲密无间关系的，还是紧握对方的上臂和肩膀这两种动作，因为在这两种动作后，很可能是一个热情的拥抱。所以，除非是双方都认可的亲密度，或是有其他非常充分的理由，否则草率地去握对方的手腕、肘部或臂膀都是不妥当的，会令对方怀疑此举的"特殊"用意。

总之，双手握手法适用于有感情基础的双方，譬如老朋友的重逢。在如此的身份背景下，双方通常不需要考虑安全因素，而这时使用双手握手，便会给彼此增添一份真诚、亲切的感觉。

初次见面时，如何通过握手掌控主动

　　大家都知道，与人首次见面的最初几分钟，对于将来双方关系的发展起着举足轻重的作用，但问题是大多数人不知道在初次见面时如何得体地与对方交往。

　　汤姆逊第一天到一家公关公司上班，他迫切地希望自己能给大家留下一个好印象。当主管将汤姆逊逐一介绍给每位同事时，他热情地与同事们握手，并且面带微笑向对方点头致意。汤姆逊相貌堂堂、衣着得体，看上去俨然是一位成功的公关从业人员。按照年少时父亲所传授的握手心得，汤姆逊紧紧地握住每一位同事的手，并用力地摇晃。可是由于他握手时用力过大，许多人在与他握手时都觉得自己的手被握得生疼。他的大力还使两位戴戒指的女同事的手指出现了充血的症状。后来，公司里有一种说法在女同事中盛行："最好离那个新来的汤姆逊远点儿，他可不是一个好惹的家伙……"

　　汤姆逊的事例告诉我们，初次见面时即使我们态度恭敬，积极热情地去结识朋友，有时也会因小小的礼节失误而导致交往失败。因此，大家要多花一些时间研究学习一下握手的礼仪与技巧，并在初次见面时利用握手营造融洽的气氛，为自己加分。

以下是初次见面时的握手技巧，大家不妨学习一下。

※注意姿势

在与人握手前，要确保握手人双方的手掌保持于一种垂直于水平面的状态，从而避免在握手时产生强势和弱势之分。

※以其之力，还施其身

即握手的力度要与对方保持一致。形象地说，如果我们将握手的力度分为1到10个等级，而你握手的力度为7级而对方只有5级，那么你必须减去20%的力度，但如果对方的力度有9级，而你却只有7级，那么你此时就需要增加20%的力度，这样才能营造出一种平等和谐的氛围。

在一些社交场合，我们可能会需要与多个人握手。在这种情况下，我们若想与每个人都建立良好的关系，就必须不断地调整自己握手的角度和力度。与此同时，还有一点要切记，握手力度男女有别。正如上面的事例所示，汤姆逊以同样的握手力度在男女中引发了不同的反应。

在人类进化的过程中，男性由于多从事抓、举、搬、捶等体力活动，其手掌力量得到了充分的锻炼和发展。一般情况下，男性的手掌力量大约为女性的两倍，因此我们在握手时必须要注意到这一点。

※掌握先后顺序

握手也有先后顺序，一般情况下，男女之间，男方要等女方先伸手后才能握手，如女方不伸手或无握手之意，可用点头或鞠躬致意；宾主之间，主人应向客人先伸手以示欢迎；长幼之间，年幼的要等年长的先伸手；上下级之间，下级要等上级先伸手以示尊重。多人同时握手切忌交叉，要等别人握完后再伸手。

初次见面时，握手是一种很好的用来表情达意的方式，同时这也是一个人身份、教养的展示。我们只要使用了正确的握手方式，就能轻松地让对方感觉到我们的友好，进而为下一步的交往打下良好的基础。

初次见面时，如何通过握手瓦解对方的强势

在所有握手的方式中，有一种最强势的握手方式——单刀直入式，即手臂向前直伸，手心朝下的握手姿势。这种握手的姿势是很不友好的，非常不受人欢迎。笔直僵硬的手臂以及向下的手掌迫使对方不得不迎合他们，采用手心向上的弱势握手方式。一般来说，惯用这种握手方式的人往往性格孤傲，控制欲强，而且他们喜欢先发制人，先发出握手邀请。

如果我们在与人交流的时候，有人故意使用这样霸道的握手方式，企图在气势上压倒你，那么我们该怎么办呢？这就要学习一些瓦解强势握手的技巧和方法了，通过一些非语言的动作就能化解一些尴尬，瓦解对方的"不怀好意"，聪明、不动声色地反败为胜。

下面就为大家介绍两种瓦解强势的握手方式的方法，只要按着这两个方法去做，便能轻松瓦解对方的强势进攻。

※右进法

右进法不仅能轻松地化解别人犀利的进攻，取得与其平等的地位，而且效果立竿见影，能迅速反败为胜。下面具体讲解一下这种方法。

首先，在对方率先伸出手，发出握手的邀请后，你要在伸手回应的同时向前迈出左脚（只要稍加练习就能够熟练地掌握这一动作，而且当伸出右手握手的同时，90％的人都会自然而然地迈出左脚）。然后，紧接着你要再跟着迈出右脚。这时你的整个身体会随之前移，进入到原本属于对方的空间内，当然此时你的左腿也会因此产生向前移动的倾向。就这样简单的两步，右进法的全套动作就完成了。这时你再迎合对方握手，便会发现情况已发生了微妙的转变。

对方本想先发制人，凭借笔直伸出的手臂获得空间上的优势，而你若能巧妙地利用脚步移动占据有利的地面位置，便能成功瓦解他的进攻。相比而言，你向前迈步实际上是对对方个人空间的一种"侵犯"，因此你要略胜一筹。

※双手握手法

当遇到企图以强势的握手夺取控制权的人时，除了采用第一种方法，你还可以用双手握手法来破解这一攻势。双手握手法可以轻松将控制权转移至自己的手中，尤其对女性而言，这种方法使用起来更加简单便捷。

双手握手法的动作是指先顺势回应以手心向上的手势，随后再立刻送上左手，用双手牢牢握住对方的手，最终将对方来势汹汹的右手压制下去。

此外，如果你觉得有人经常利用握手来挑衅或者胁迫自己就范，那么你可以在握手时直接握住对方的手腕，这种方法能更加直接地对强势者产生震撼性的警告。不过不到万不得已之时，最好不要使用这种极端的握手方式，毕竟这不是一种礼貌的方式。

第五章

腿脚微表情：
隐秘的微动作，内心的真表达

　　在日常的人际交往中，人们通常都是观察对方的上半身，尤其是脸部的表情，以及手部的动作，而腿和脚的动作是极易被忽略的。但是人的任何部分，对于反应一个人的内心活动都是非常重要的，有时候腿脚之间反映的一些信息，是其他部分所不能诠释的，因此解读腿脚的微表情，是了解一个人心理活动的技巧之一。

腿脚颤动，仅仅是紧张吗？

每个人都会有感觉紧张的时候，尤其是身处陌生环境，处理没有把握的事情，产生对外界无法预知的担忧感和无法掌控感，都会在心理上产生一种紧张的情绪。

为了稳定紧张的情绪，人们通常做出一些细微的小动作。比如，握紧拳头、紧咬嘴唇或者不自觉地抖动双腿。只要认真观察，就很容易捕捉到。

小飞第一次和相亲对象约会。开始的时候，两人都没有话说，显得稍微有点紧张。桌子下面，他们的腿都在不自觉地抖动着。

"你喝水吗？"为了打破僵局，小飞主动起身给女孩儿倒水，却不小心打翻了水杯。"对不起，对不起……"

"没关系……"女孩儿也帮忙收拾桌子。气氛一下子活跃起来了。

随着两人聊得越来越多，他们的双腿都换了一个舒服的姿势，腿也不再不停抖动了。

为什么人焦躁不安的情绪会转变成抖腿的动作呢？其实，当人们做反复抖腿的肢体动作时会形成一种刺激，而这种刺激会通过中枢神经传递到大脑，以缓和紧张、焦躁的情绪。从另一种角度来看，抖腿也是身体为了放松而采取的一种下意识行为。当然，这种行为并不局限于抖腿，譬如有的人喜欢敲桌子，有的人喜欢摸头发，有的人喜欢频繁切换电视频道……这些都是抖腿的不同表现形式。

所以，如果与人交谈时，无论他的脸部是多么镇定从容，只要对方不停地抖动双脚，则说明他的神经紧张程度一定很高。那么，我们应该注意，是什么让他如此紧张，帮助他缓解紧张的情绪。

如果对方不停抖动双脚，那我们一定要注意了。这可能是被你问到了敏感话题，他不想回答，或者对自己所说的话感到不自信。

抖腿是一种极不雅观的动作，同时也是一种不良的习惯。女士们大多对自己下半身的姿态格外在意，因此她们在众人面前会尽量避免自己做出这样的动作，相比之下，有些男性却存在抖腿这种不良习惯。任何一种肢体动作都能反映出行为人一定的心理，抖腿这个动作也不例外。习惯抖腿的人内心往往处于各种矛盾、不安之中。另外，容易喜新厌旧的人和完美主义者也有抖腿的习惯。可以说，这些人由于在心中积压了相当大的欲望或不满，逐渐形成了焦躁、不安的心理，而抖腿动作就成为这种心理的外在表现形式。

抖腿虽然可以让人在情绪上稳定下来，但对于周围的人来说这始终不是一种好习惯，尤其是在面对长辈或客户的时候，千万不能做出这种失礼的举动。当然，如果你在与人交谈时发现对方有抖腿的行为，也不要只顾着皱眉头，应该意识到对方对你所讲的话题可能已经失去了兴趣，这时你不妨考虑更换话题或终止谈话。

看对方是否在说谎，第一时间看腿脚

心理学家对撒谎行为进行了一系列的研究，最终得出的结论是：身体下部的动作比身体上部提供更多信息，也更加真实可信。有心理学家曾经做过一个试验，参与试验的人员被要求在情景访问中撒谎，并且要尽量表现得令人信服。

于是，心理学家发现，所有参加测试的人员，无论男女在撒谎时脚部的下意识动作都在显著增多。这些人会伪装自己的面部表情，控制手部的一些姿势，但是对双腿和脚部的动作却几乎浑然不觉。这个试验证明：当人们撒谎时，下半部分的肢体动作会大量增加。

实验也证明了说谎者会注意控制身体上部的动作，而忽略了身体下部的一些动作反应，这一实验结果也被广泛地应用于案件侦破工作中。

因为说谎者在心理上有一个惯性的思维盲点：自己一直都与交谈的对方面面相对，而对方更多是看着自己的身体上部，特别是脸部以上的部位，基本上看不到腿部的动作。正是由于这样的一个心理盲点，使得说谎者放松了对腿部动作的控制。

在一起重大案件发生之后，办案人员对几名有嫌疑的人员进行排查。但经过一番讯问之后，办案人员发现这些人的回答都很正常，并没有什么不妥的地方。

然而，当办案人员对讯问过程的影像资料进行分析时，一些有经验的警员就发现，其中一名嫌疑人员在回答某个重要问题时，明显有一个逃避、防卫性质的动作：他把双腿向后移动、收缩，同时一只脚微微地移动，朝向侦讯室出口的方向。

这一发现让办案人员感到兴奋，于是他们立刻决定再次对这个嫌疑人进行讯问。结果这次大家发现他的腿部动作更加频繁，从这些腿部的频繁动作当中，隐约可以看出他的焦虑与不安的情绪，然而他的脸部、上身和语言所表现出来的镇定与放松，给人情绪十分稳定的感觉。

如果不看对方的腿部，有时候你根本就不知道对方在说谎。现在精明的商务人士为了掩饰自己，不被别人看穿真实的心理，让自己更有安全感，就会把自己安置在整体实材的办公桌后面，因为办公桌能够隐藏他们身体的下半部分。

有经验的巡警在大街上巡逻时，仅仅通过对腿部动作的观察，就能够判断出一些图谋不轨的人，从而对这样的人提高注意力与警觉性。

通常，路人都会有自己要去的地方或者要完成的目标，因此步伐是奔着一个固定的方向走的。而小偷则不一样，他们会静静地潜伏起来选择目标，或者会来回行走，不时地改变自己行进的速度。这些与众不同的行为表现，很容易被有经验的警察发现，从而会锁定此人以进一步观察。

有些想要图谋不轨的人在遇到巡逻的警察时，就会转身斜靠在墙上，然后将双腿交叉，做休息状，显得很镇定。但对腿部动作有所研究的人，很容易就能看出其中的虚假。

因为交叉双腿的姿势与双臂交叉环抱，通常表现的都是一种戒备状态。真正处于休息状态的人，很少会用戒备状态的动作来保护自己。

在与别人的交谈中，如果想了解对方的真实感受，也可以看看他们的腿部动作。如果对方面对你时，保持双腿交叉的姿势，表明对方有所戒备，这种戒备有可能是针对你的，也有可能是针对周围的环境。反之，对方的双腿从交叉状变为并拢状，形成如同立正的站姿，则说明对方的心情放松了，你们可以进行轻松友好的交谈。

如果你发现对方的双腿和双脚一起摆动起来，那么说明你们的交谈是快乐的，因为这种活跃的腿部动作，往往只有在内心兴奋的时候才会出现。对这个腿部动作，你甚至不用去看他的脚就能够发现，你只要看看对方的上衣或肩膀就可以了。如果他的脚在摆动，那么他的上衣和肩膀也会随之摇摆或上下震动。这些动作很细微，但是，只要你注意观察还是可以看到的。

　　双腿和双脚一起摆动的腿部动作，不只是在愉快的交谈中会出现，在得到某种喜爱的事物或见到某个喜欢的人时，也会自然而然地表现出来。这一动作往往说明人们正处于得意的心理状态中。

　　双腿的摆动除了表现得意之外，也会表现其他情绪。有时这种动作表现的心理状态是不耐烦的，比如，在学校临近下课时，很多学生的腿部都会有摆动的动作，这是不耐烦和希望事情加速的信号。腿部的动作还可以表现愤怒与不满的情绪。如果对方不说话，对于你的观点不表示反对，而你却看到他有微微跺脚的动作，那么说明对方内心对你的观点其实是不同意的，但他可能由于某方面的原因，不愿将反对的意见说出来。然而，他的腿部却不受控制地表达出了内心深处的抗议。

　　有个孩子想要出去玩，但是被父母阻止了。"你应该预习功课。"父母对他说。"可是我看书看了很久，我想出去玩一会儿……"孩子哀求道。当父母决绝地表达了自己的意思后，无力反抗的孩子只好回到书房里继续学习。过了一会儿，书房里传来敲打地面的声音。"你在做什么？"父母打开书房门问孩子。只见孩子用脚跺了跺地面，说："没什么，鞋子好像有点不合适了。"

虽然孩子没有说出心中的不满，但是他的双脚已经很明显地表达出他内心的愤怒。腿部动作在表达愤怒的情绪方面，除了跺脚的动作之外，还有踢东西的动作。人们常常会用踢的动作来表达自己内心愤怒不平、抑郁不舒的情绪。另外，来回走动的动作除了表现紧张、焦虑和不安之外，有时也会在愤怒的情绪当中出现。

虽然我们可以掩饰自己的表情、言语，甚至上肢的动作，但是很显然，我们仍然无法阻止腿部表达出内心的想法。当我们防备的时候会交叉双腿，当我们快乐或不耐烦时会双腿摆动不止，当我们焦虑或思虑时会来回走动，当我们生气时会跺脚或踢东西，当我们想要逃跑时腿脚会往后退缩，并且脚微微移动朝向最近的出口。这些腿部的动作似乎给我们这样一种感觉：每种情绪都有与之相对应的腿部动作。

脚踝相扣时，背后的心理秘密

　　有一家公司，常常为客服人员工作效率低下而苦恼，为此公司特地请来一位心理学家帮忙。心理学家对这家公司进行了调查研究，调查对象是一位男性职员。这位男性职员主要负责追讨客户债务的工作，他每天都给很多客户打电话。心理学家发现，尽管这位男性职员打电话时的声音显得很放松，但他的脚踝始终紧紧相扣，并且放在椅子底下，不过他在与朋友、同事谈话时，就不会做出这样的动作。

　　心理学家问这位男性职员："你喜欢这份工作吗？"他立刻回答："喜欢！这份工作真的很有意思。"虽然他的神情和语气，都十分令人信服，但这样的答案却与他的身体语言相矛盾。心理学家再次追问："你真的这么认为吗？"这位男性职员沉默了一会儿，松开了脚踝，手掌也舒展开来，然后答道："嗯，实际上我都快被它逼疯了！"他对心理学家说，自己每天都要接到很多客户打来的电话，有的客户非常粗鲁，还有的十分凶悍，因此他必须不断练习控制自己的情绪，以免让客户察觉到自己的不满。

除了这名男性职员外，心理学家还发现，公司中那些不喜欢通过电话与客户交流的销售员，大都习惯于保持脚踝相扣的坐姿……

心理学家在对人的行为反映内心变化的研究中发现，当一个人的脚踝相扣时，他的内心便产生了与紧咬嘴唇类似的心理。换句话说，脚踝相扣的脚部动作能显示当事人正在抑制某种消极的情绪，或是缺乏把握，或是心里恐慌、害怕。正如上面故事中的男性职员，在与客户交谈时就处在一种消极的情绪中。

与脚踝相扣对应的脚部动作是双脚自然地伸向前方，它的含义正好与脚踝相扣相反，即非常坦诚、投入。上面故事中的男性职员在与朋友、同事交谈时往往比较轻松，双脚摆放就很自然、随意。这种脚踝相扣动作所折射出的心理，我们在日常生活中经常能看到。例如，在法庭上等候宣判的被告，他做出脚踝相扣这一动作的概率大概是原告的三倍，显然他试图借此动作来稳定自己的情绪。此外，大部分应聘者在面试的过程中，也会做出脚踝相扣的动作，因为应聘者想在考官面前尽量抑制自己的情绪或态度。

曾有一项针对400名牙病患者的调查显示：88%的患者一坐上治疗椅，就会不经意地做出脚踝相扣的动作。如果只是进行常规的牙齿检查，那么只有68%的患者会脚踝相扣；但若需要进行注射、磨钻等治疗，那么98%的患者都会脚踝相扣。

当你在与人交谈时，一定要多留意对方的脚部动作，如果他做出脚踝相扣的动作，那么你最好想办法让他放松下来，可以提出一些积极的问题引导对方的情绪，或想办法让他改变脚部动作，这样你们之间的沟通才能畅通无阻。

坐姿中腿脚的形态，背后的心理秘密

在日常交际中，大多数人首先会注意人的上半身，比如眼睛、嘴巴、肩膀、手等部位，而下半身尤其是腿部却很少注意。其实这个被大多数人忽视的部位背后隐藏着很多信息。就拿双腿交叉这一坐姿来说，其中反馈出的内心信息就很值得我们借鉴。

※双腿交缠

这个把一只脚的脚尖紧贴在另一条腿上的动作，基本上是专属于女性的，而且还是那种胆小、羞怯的女性。如果一位女性在你面前摆出这样的姿势，那么表明她正处于焦虑、不安的情绪中，此时她最希望自己能像乌龟一样躲进厚厚的壳里。不管女性上半身表现得多么放松、优雅，这种腿部动作足以表明她的内心是胆怯的。如果你想与她交往，那么必须先给予她安全感，譬如采用温暖、友好和轻柔的方式慢慢接近她。

※双腿交叉

双腿交叉，即坐着的时候把一条腿轻巧地放在另一条腿上的坐姿。据统计，大约70％的人都习惯把左腿放在右腿上，并且还喜欢将双臂交叉。当一个人在和你交谈的时候，如果他的双臂和双腿都做出互相交叉的姿势，那么往往表明他的心绪已经游移出你们交谈的内容。这种情况下，如果你想让他对你的观点表示赞同，一定是件相当困难的事。

※"4字腿"

"4字腿"，即将一只脚踩放在另一条腿的膝盖上，两条腿呈"4"字状。一般来说，男性经常使用这种坐姿，不过一些性格偏向男性的女性也比较喜欢这一坐姿。这种坐姿能体现一个人的自信和支配地位，令人显得放松和年轻。此外，这种坐姿还可能表现出行为人持有争辩或争胜的态度。

此外，研究显示，人们在做重大决定时，大多喜欢保持双脚踩在地面的姿势。也就是说，当别人的坐姿是"4字腿"时，最好不要要求他立刻做出决定，因为这时你通常很难得到满意的答案。

※两腿交叉而小腿保持平行

在举止礼仪课或模特培训课上，塑形老师都会教女性这种坐姿：一条腿紧紧地贴在另一条腿上，两腿交叉而小腿保持平行。由于男性腿部和髋部的骨骼构造和女性不同，所以他们很难摆出两腿交叉而小腿保持平行的姿势，所以这种姿态是极具女性气质的坐姿。这样的动作不仅能使女性的腿部看起来更加纤长，还能展现出女性的端庄和性感。

站姿中腿脚的形态，背后的心理秘密

有一个叫马克的职员，他在老板训话时一直持双腿交叉的站姿，而其他人大多持立正的姿势，显然马克在人群中格格不入，更重要的是，老板通过马克的站姿，解读到他内心的真实想法——厌恶、不耐烦。就这样，在工作上并无大过错的马克，成为老板会议上的重点批评对象。

在日常社交中，交叉的双腿能够展现一个人美丽的腿形，但在商务、会议、谈判等重要场合中千万不要这样做。因为腿部动作会告诉别人你想去哪里，还能显示出你对对方的喜恶。马克的故事就向我们证明了这一点。

为什么腿部动作能将人心中不为人知的想法展现出来呢？或许这个问题的答案要追溯到我们的幼年时期。当我们还是婴孩的时候，双腿对我们来说大概只有两种意义：一是向前走，以获得食物；二是在遇到危险时用腿逃跑。正是由于人们在幼年时期，本能地将腿部活动直接关联到这两种基本目的——走向自己想要的东西和远离自己讨厌的东西，所以长大后才会不自觉地把心里的想法传达给腿部。不过从另一种角度来说，如果我们能够掌握各种腿部动作蕴涵的秘密，就可以轻松看透他人内心的真正意图。

※立正的站姿

立正是一种非常正式的站姿，它显示出一种中立的态度，即不表达任何去留的倾向。在异性间的谈话中，女性比男性更偏爱这个姿势，她们希望借用直立紧闭的双腿传递出一种"不置可否"的信号。另外，立正的站姿也表示对他人尊重和尊敬的态度。例如，学生在跟老师说话时、下属在跟上级汇报工作时，大多会采用这种站姿。

※双腿叉开的站姿

双腿叉开是一个传达支配意味的动作，是一种典型的男性身体语言。一般来说，人在双腿叉开时，双脚会坚实地踩在地面上，而这便会增强自己的气势，产生威慑力。此外，这种站姿还传递出一个信息：我毫无离开的打算。

双腿叉开是一种展示胯部的站姿，这个站姿颇具男子气概。

例如，在一些体育比赛的中场休息时间，男队员们常常围站成一圈，并做出这种展示胯部的站姿。这种站姿跟制度没有任何关系，仅仅是因为这样的动作，能够大大增强队伍的气势。

※双腿交叉的站姿

双腿叉开的站姿显示出的是开放、支配的态度；而双腿交叉的站姿则显示出保守、顺从、戒备的态度。持双腿交叉站姿的人一般会与人保持较远的距离，比人们平常的普通社交距离要远得多，通常他们还会摆出交叉手臂的姿势。不难看出，这两个肢体上的交叉已明显告诉其他人"我不喜欢你（你的话题）"或者"不要靠近我的领地"。因此，当与你交谈的人摆出这样的站姿时，你最好换个话题，或直接远离他。

※稍息的站姿

稍息的姿势是把身体的重心放在一侧的臀部和腿上，另一只脚伸向前方，身体呈休息状态。在中世纪的许多画作里，身份高贵的公爵常常持有这样的站姿，因为这样的站姿能让他们展示自己精美的袜子、鞋子和裤子，进而展现自己的地位。而对于我们大多数人来说，这种站姿除了彰显地位，更重要的功能是有助于我们判断一个人的心理变化。

不难想象，这种站姿仿佛就是人准备迈步的样子，由此可以推断，人伸出的脚尖所指的方向往往就是内心真正想要去的地方。如果你不相信，那么不妨回忆一下自己的经历。当你和一群人聚会时，你伸出的那只脚通常是朝向最具幽默感，或最具吸引力的那个人，而当你想要离开时，那只脚便会朝向离你最近的一个出口。

站立的姿势除了能够反映出一个人的心理、情绪，还能够从侧面反映出一个人的秉性如何。要想了解一个人的秉性，那么对站姿的分类就更加详细了。

※站立时，双手叉腰

这类人多是领导，具有很强的自信心和权威性。如果他的双脚分开比肩宽，整个身躯微微向前倾，往往表示其存在着潜在的进攻性，你就要做好对方要发火的心理准备。

※站立时，习惯将双手插入口袋

这类人一般城府较深，不会轻易向人表露心思，而是暗中策划行动。他们的性格偏于内向、保守型，凡事步步为营，警觉性很高，不会轻易相信别人。

※站立时，习惯一只手插入口袋

这类人往往性格复杂多变。有时会亲切随和，与人推心置腹，极易相处；有时则对人冷若冰霜，处处提防，将自己严严包裹起来。

※站立时，习惯把双手置于臀部

这类人往往有主见、有自信。做事绝对认真，为人稳重不轻率，具有驾驭一切的魅力，比较有领导才能。他们最大的缺点，就是主观意识太浓，而且听不进劝告，所以有时候表现得很固执。

※站立时，将双手置于背后

这类人性格保守，最大的特点就是尊重权威，遵守约定俗成的规则，而且极富责任感。不过，只要给他们一定的时间，他们也能够接受新思想和新观点。另外，这类人的情绪不是很稳定，因此，往往显得有些高深莫测。优点是富有耐性，做事不怕麻烦，无论遇到什么困难，都能够坚持到底。

※站立时，双手交叉放于胸前

这类人大多个性坚强，在困难面前不屈不挠，不会轻易低头。同时，他们过分追求个人利益，且有很强的戒备心，与人交往时，常常摆出一副自我保护的防范姿态，拒人于千里之外，往往给人冷冰冰的感觉，令人难以接近。

※单腿直立，另一腿弯曲或交叉在一侧

这是一种持保留态度或者有轻微拒绝倾向的站立姿势。习惯这样站立方式的人，往往自信心不足，性格比较腼腆，到了一个陌生环境或者不熟悉的人中间会觉得很约束。但是，他们待人很真诚，内心也比较火热，喜欢帮助别人。

※双脚并拢，双手交叉

这类人为人处世谨小慎微，而且凡事喜欢追求完美。从外表看起来，他们稍显懦弱，似乎缺乏积极的进取精神，实则这类人性格中有很坚韧的一面，对于他们认准的事情，就会默默而顽强

地去做，绝不轻言放弃。

※习惯倚靠着物体站立

他们不是靠着墙，就是靠着桌子，没有任何物体的时候，还会靠着别人。这类人比较好的方面是，为人坦白爽直，也容易接纳他人；不好的方面是，缺乏独立性，做事总喜欢走捷径。

膝盖并拢的动作，是下意识的紧绷状态吗？

在新泽西州发生了一起拐卖儿童案件，在案件的审理过程中有这样一段插曲，办案人员审讯一位涉嫌拐卖儿童的女士，但始终得不到任何有价值的信息，而且嫌疑人一直不承认自己做过此事。一方面是被拐儿童的指证，一方面是嫌疑人的百般推脱。这令办案人员一时摸不着头绪。

是否由于被拐儿童年纪过小，而且一直处于紧张、害怕情绪之中，对拐带他的人记忆并不准确呢？办案人员带着这样的疑问，反复观察询问嫌疑人时的录像。他们发现，嫌疑人在接受审讯的过程中一直非常配合，对所有讯问都有问必答，尽管她语速较慢，但都会在第一时间给出回应。此外，嫌疑人一直保持着双膝紧并，小腿与脚跟分开成"八"字样，手掌相对地放在两膝之间。

可以看出，嫌疑人一直处于紧张的状态下，而在紧张的状态下回答问题还能不假思索，由此可以推断，她不是一个心理素质极强、善于伪装的惯犯，而是一个保守、腼腆、害羞的人，她所说的话都是真实的。

最终，办案人员通过其他途径抓住了真凶，帮助这位女士洗脱了罪名。很多有经验的办案人员已经面对过太多巧舌如簧的罪犯，所以他们在辨别嫌疑人所言真假时，往往依靠的不是言语表达，而是肢体语言所显示的信息。正如上面这个案例，办案人员就是通过一系列的肢体语言得到答案的。

我们不妨再回顾一下那位女士的肢体动作。审讯期间她有这样一个动作——膝盖一直紧紧并拢，由此，办案者推断出了嫌疑人的性格和心理特点。

一般来说，大多数喜欢做这一动作的人都比较内向、羞涩。此外，这类人大多不喜欢与陌生人说话，不喜欢参加社交活动；他们感情非常细腻，他们对朋友的情感相当诚恳，每当别人有事相求时，他们都会义不容辞；他们是典型的保守派，对事物的看法、观点一般不会有太大的变化。

假如你正在交往的人中有习惯做这一动作的，那么请理解他的冷淡和不苟言笑，因为在他看似冷漠的外表下，往往隐藏着一颗最真挚的心。

第六章

肢体微表情：
身随心动的秘密，举手投足的真相

　　正所谓"身随心动"，身体各个部位的动作都能够表达一个人的情绪，能够透露出一个人的性格。细心地观察别人的肢体语言，就能够得到很多有用的信息。一颦一笑间、举手投足中、或走或坐时，都隐含着细微的心理变化。即便是一个人的睡觉习惯，也能反应出他的个性。

点头不一定是同意，摇头也不一定是拒绝

在进化生物学家们的眼中，点头与摇头的动作都是人类与生俱来的举动。不过不要因为它是本能的反应就可以忽略其中的学问，即便是点头、摇头这样简单、本能的动作，在一些特殊的场合，也是包含着许多有用的信息的。

在大部分文化中，点头的动作都用来表示肯定或赞成的态度，而摇头的动作通常表达"NO"的意思。当然也有例外，比如，在印度，当地人不用点头的动作，而用摇头的动作来代表肯定和赞成的意思。对此，许多到印度旅游的人都会感到困惑。因此，假如你正和一个印度人对话，那么千万不要因其频繁摇头而误解对方的意思。总体来讲，在大多数国家和区域，点头的动作还是代表肯定的意思，不过这个"肯定"在不同地方又有些差异。比如，在中国，一个人讲完话后，另一个人点头示意，那么很明显他传递出"是的，我同意这个观点"的意思，而在日本，这往往表示的是"是的，我听到了你所说的话"的意思。

在生活中，恰当的技巧可以让点头或摇头的动作，成为具有说服力的工具。下面我们先来看一看点头的动作。

有研究显示，如果聆听者每隔一段时间就向说话者做出点头的动作，那么说话者的表达欲望就会被激发，进而让他比平时健谈三四倍之多。另外，点头的频率还能显示出聆听者的耐心。如果在说话人讲话期间，聆听者快速、频繁地点头，那么就等于告诉说话者："我已经听得不耐烦了，快点儿结束你的发言吧！"相反，缓慢地点头通常所表达的意思是，对说话者所讲的内容很感兴趣。因此，当说话者陈述自己的观点或意见时，我们一般应该向对方礼貌地、缓缓地点三次头。

点头的动作是非常具有感染力的。通常情况下，我们对别人点头，别人也会友善地回报以点头的动作，即使彼此不同意对方的观点。所以，在构建人际关系、赢得别人肯定方面，点头的动作绝对是绝佳的手段。

对于摇头的动作，它不仅能增强说服力，还能透露一个人说话的真假。假如一个人一边摇头一边对你说"我非常认同你的观点""这个建议听起来太好了""我们一定会合作愉快"等积极的言辞，那么不管他的语气多么诚挚，摇头的动作往往能折射出他内心中消极的想法和态度。因此，当有人对你表达的建议或意见表示赞同，并且努力让这种赞同的态度表现得淋漓尽致、诚实可信时，你千万不要忘记观察他在说话的同时是否做出摇头的动作。当然，如果你想让自己的"假话"更有说服力的话，那么千万不能让摇头暴露自己真正的意图。

点头和摇头的动作中都大有学问，只要我们善用技巧，就能让二者成为我们在社会交往中获得信任、增强说服力的有效工具。

人最放松的时候，就是睡觉的时候

　　睡觉是一件非常惬意的事情，但就是在特别放松的状态下，我们才最容易窥测出一个人内心世界和不为人知的秘密。

　　心理学家指出，从一个人的睡姿中不仅能够透露出一个人的性格，还能透露出一个人对于异性的感觉。怎么样，听起来是不是很有趣呢？那么就让我们一起解读睡姿密码吧！

※侧睡，手放在大腿旁

　　你虽然挺在意异性，但好像总是不敢采取行动。你显得有些消极，正因为你的温温吞吞，使你丧失了不少机会，让对方在你眼前溜走。累积的失败经验越多，你也会越沮丧，越无法突破这个障碍。你应该加油，马上行动，勇敢地表白自己的感情。

※仰卧，双手放在小腹上

如果你为自己没有异性缘而苦恼，别着急，因为你在朋友中太亮眼了，异性朋友可能会感到有些压力，也怕自己一不小心就成了众矢之的。所以如果你想要吸引异性的注意，就要想办法减小他们的压力，要收敛一下你在同性朋友中所散发的魅力。

※喜欢抓住衣被或抱着玩具入睡

你对异性的警戒心很强，选择朋友时相当慎重，所以你的精神状态会有些紧绷。你与异性的相处，精神的交流远重于一切，你追求的是柏拉图式恋情。你有些理想化，这当然没什么不好，但有时也不必这么严肃，换个角度看异性，会更加轻松地与之相处。

当然，睡姿所包含的信息，不仅是一个人对待异性的态度，还能够表现出一个人的性格。下面总结了几种睡姿，并分析了习惯该种睡姿的人的不同性格。

※趴着睡

假如你是一整晚趴着睡，你可能心胸狭窄，并且相当地以自我为中心。你一直强迫别人适应自己的需求，认为你所要的就是别人想要的，可能是根本不在乎别人的感觉，或者以散漫的态度来对待别人。

※躺在胳臂上

与身体蜷缩的睡姿相反，你是一个温文有礼、诚恳可爱的人。但是，没有什么事是完美无缺的。你生活的重心必须从建立你的自信心开始，试着去接受错误和不完美，明白这其实是自我成长的代价，如此幸福才会跟着来。

※侧躺在一边

这种睡姿显示出你是一个有自信的人。由于你的努力不辍，不管你做什么事都会成功。

※蜷缩着身体

这种睡姿明显地表现出你的不安全感，所以你会产生自私、妒忌和报复的心态。因为你非常容易发脾气，所以围绕在你身旁的人们都要非常地小心，避免去触动你的痛处，而激怒了你。

※弯曲膝盖

你的个性有点倾向于容易大惊小怪而且难以取悦。你总喜欢发牢骚。所以可想而知，你会经常处于紧张状态，很容易就将神经紧绷，或对小事做出过度的反应。你必须要告诉自己，生活其实没什么了不起，学着去放松吧！

※仰卧

喜欢仰卧的人是一个有胆量、有独立精神的人，他们对自己的行为感觉良好，是个不怕得罪人的人。这类人强调独立能力和自我创新精神，他们最讨厌说谎和虚伪的人。

※裸睡

喜欢裸睡的人向往自由，他们是靠感性生活的人，做事情也是如此，因此往往会受到别人的指责。

※独睡

这类人无论在工作上还是生活中都是独行侠，他们高度重视私人空间，认为这是神圣不可侵犯的，即使是最亲密的人，也不可以随便闯入。他们把自己的内心世界看成是生命的堡垒，不愿意与别人倾心相处。所以在有些时候，这些人似乎有些自恋的嫌疑。

说到睡觉，自然是离不开床的。人的一生中有三分之一的时间都是在床上度过的，由此可见，床在我们的生活、生命中起到了非常重要的作用。从选择床的差别中，也可以帮助我们了解对方的性格。

※单人床

选择单人床的人，大多对自己要求严格。他们并不算是特别灵活的人，有时候甚至显得有些木讷，但他们在为人处世各个方面都比较小心和谨慎，对工作能够认真负责，有坚强的毅力，最后也多会取得一定的成功。

※加大单人床

喜欢比单人床大一点但又比双人床小一点的床的人，他们的性格多是双重的，并且在大多数时候处在一种矛盾当中。他们喜欢变化，很难满足于某一固定的生活形态。为人比较亲切和热情，而且也希望能够从他人那里获得关心和温暖。

※特大号床

喜欢特大型号床的人，他们希望有可以让自己伸展拳脚的空间，并一直在为此而努力争取。他们并不太想有人能非常彻底地了解自己。相比较，他们更愿意与他人保持一定的距离和神秘感。

※可折叠的旧式床

喜欢可以折叠的旧式床的人，多是比较传统和保守的，而且生活十分节俭、朴素。为人处世方面比较小心和谨慎，他们从来不会轻而易举地就把真实的自己展示给他人看。他们的感情中，理性成分比较多，懂得控制自己的感情，喜欢与人保持一定的距离。

※圆头床

喜欢圆头床的人，叛逆性很强，既定的规则根本无法局限他们。他们有时做事马马虎虎，喜欢我行我素，随心所欲。

※日式床垫

喜欢睡日式床垫的人，大多对自我要求严格，时常会将非常沉重的负担压在自己的肩上，并命令自己努力去完成。他们为人比较耿直和坦诚，崇尚自由和平等。

※罩篷床

喜爱罩篷床的人，大多是具有十分强烈的浪漫主义色彩的人，他们常常放纵自己，让自己生活在一个虚幻的、美妙的世界里，借以逃避现实生活中的许多不如意。他们多性情温和，但意志力不强，非常脆弱，容易受到伤害，而且时常有挫败感。

※带镜子的床

喜欢床带有镜子的人，有自恋情结，但有些时候，他们又会不太信任自己的感觉，而从自我的圈子里跳出来，以一个旁观者的眼光来观察和打量自己。

※水床

喜欢水床的人，他们多敏感，往往能够很快地就抓住社会发展的趋势，然后快速地调整自己，使自己顺应潮流，然后投入其中。在绝大多数时候，他们都会使自己处于主动地位，这为他们带来了很多成功的机会。

※铜床

铜床四周有精巧的金属架，四角有四根柱子，喜欢这一类型的床的人，多缺乏安全感，他们总是在努力寻找一种东西来保护自己，这种铜床成了最好的选择。他们往往疑心重，不会轻易相信任何一个人。因此，与这样的人进行交往，常常会产生强烈的受挫感。这一类型的人做事情很讲究原则性，总是什么都分得一清二楚。

※自动调节床

只要轻轻按一下按钮，就可以抬高或放低床，喜欢各种自动调试床的人，多是一个完美主义者。他们为人多比较严厉和苛刻，难以取悦，同时人际关系也不是特别好。他们经常会刻意营造某种环境来迎合自己的需要和想法，并且坚持到底，不会轻易改变。他们很少主动去顺应别人，却希望并且也要求他人适应自己。

※阁楼床

喜欢阁楼床的人，大多非常在乎自己站在阁楼上，高高在上的感觉。这样，他们可以很清楚地看到一些景象，可是实质上，他们的根本意义则是站在高处俯瞰全局。这一类型的人更适合做一个管理者。在很多时候，他们会采用一些有效的、新的方法来客观地处理和解决各种问题，并且能够起到非常好的效果，从而赢得他人的依赖和尊敬。

"步态识别"背后的信息量

有这样一种技术，叫"步态识别"。步态识别是一种新兴的生物特征识别技术，它通过人们走路的姿态进行身份识别。与其他的生物识别技术相比，步态识别具有非接触、远距离和不容易伪装的优点，而且在智能视频监控领域，它比面相识别更具优势。

为什么一个人的步态能发挥这么大的作用呢？从医学角度来讲，人体运动是由神经系统控制的1000多块肌肉有节律收缩，并驱动200多块骨骼绕100多个关节协同合作运动的结果，而每个人在肌肉的力量、肌腱和骨骼长度、骨骼密度、视觉的灵敏程度、协调能力、体重、重心、肌肉或骨骼受损的程度、生理条件等方面都存在差异，因此每个人在走路的"风格"上也存在一些差别。所以对任何一个人来说，伪装走路姿势是一件非常困难的事。

正如警员乔特·朗斯奇所说："罪犯或许会给自己化装、变装，甚至小心翼翼地不让自己身上的哪怕一根毛发留在作案现场，但有样东西他们是很难控制的，那就是走路的姿势。不管罪犯是否戴着面罩自然地走向银行出纳员，还是从犯罪现场逃跑，他们的步态都可以让他们露出马脚。"因此，如果我们想了解一个人，可先从他最明显的肢体语言——步态进行分析。

以下是生活中人们几种常见的走路姿态，就让我们来看看步态到底与人们的职业特点、性格特征和情绪有着什么样的关系。

※步态与职业

船员们为适应颠簸的船上生活，他们走路时脚一般会呈外八字形；长期生活在山区的人，即使进城走在平坦的街道上，仍会将脚抬得很高；练过武功的人，走路带风；舞蹈演员走起来身轻如燕；模特因职业特点，有时会将职业步伐带入生活，喜欢扭胯、走猫步；长期坐办公室的人因缺少运动，走一会儿路便感疲惫，步伐也因此变得沉重、缓慢；领导者，一般喜欢踱方步。

※步态与性格

走路时两脚呈外八字的人，其内心强大、性格强势、精力旺盛、自信心强，甚至可以说有些过分自信而显得自负；走路两脚平行的人，其内心比较平和，有着孩子般纯真和轻松的心态，他们认为凡事顺其自然最好，不会强求，做起事来慢条斯理；走路两脚呈内八字的人，其内心比较脆弱，渴望关怀和被保护，喜欢追求完美但有时缺乏自信心，做事时多以自己为中心，毫不理会别人的观点或看法。此外，步伐急促的人是典型的行动主义者，他们大多精力充沛、精明能干，敢于面对现实生活中的各种挑战，适应能力特别强，凡事讲求效率，从不拖泥带水；步伐平缓的人是典型的现实主义者，他们做事稳重，三思而后行，绝不好高骛远；踱方步的人属于稳中求胜的现实主义者，他们非常稳重，在面对困难时，往往会保持清醒的头脑，而且不会被任何带有感情色彩的东西左右自己的判断力和分析力。

※步态与情绪

人在不同情绪的影响下，步姿也会有所不同。当一个人心情喜悦时，步态往往轻盈、欢快，有跳跃感；当一个人情绪悲哀时，步态往往沉重、缓慢，有忧伤感；当一个人踌躇满志时，步态往往坚定有力，有自信心；当一个人十分生气时，步态往往生硬、粗重、快速。

步态是一种微妙的语言，它能真实地反映一个人的职业、性格和情绪。只要我们善于观察，就能轻松地从步态中看清一个人。

不同的笑容，背后有不同的含义

笑通常被认为是一种展示幸福与开心的信号。不过，很多笑容背后却藏着不同的秘密。有的笑容发自肺腑，有的笑容只是逢场作戏，有的笑容则带着苦涩……如何去分辨？我们可以通过对方笑容的某些特征加以区分。

笑是人们日常生活中非常普遍的一个动作，心理学家更是把笑看做是人类与他人交流的最古老的方式之一。但是，笑的方式各异，人们很多时候，都无法读懂笑背后真正的含义。这就像当你走进商场，服务员小姐马上用标准的腔调说道："欢迎光临！"与之同来的是嘴角泛起的一弯美丽的笑容。可是，又有几个人能够辨得出这个笑容是发自内心的欢迎，还是职业性的表演呢？于是，很多人在别人的笑声面前茫然了。对此，心理学家做出了精辟的解释：他们认为，笑的不同形式表现了人性格的某一侧面，是人类感情的流露、个性的折射。

※时常捧腹大笑的人

时常捧腹大笑的人，大多心胸开阔，很少掩饰自己的真实情感，开心的时候开怀大笑，不开心的时候则会通过痛哭，来发泄自己内心的情感。他们通常很有个性，极少去附和别人，这些都表现了他们直率的性格。但也往往由于性格的直率，很容易得罪人。在社交场合，由于他们看不惯虚伪的寒暄而常常碰壁。他们大多比较正直，从不嫌贫爱富，是很值得交往的一类人。

※时常悄悄微笑的人

时常悄悄微笑的人，大多性格比较内向，很少在众人面前暴露自己，他们拥有属于自己的一个小小世界，在那里，他们可以很冷静地思考，就像是众人皆醉我独醒，用极其冷静的目光看待周围的人和事，然后，做出自己的分析和判断，最后，才会做出自己的决定。他们很善于隐藏自己，绝对不会轻易地向谁吐露自己的心声。

※喜欢狂笑的人

这类人的性格跟他们的笑声极其相符，属于比较狂野的那种类型。在一般人的眼里，他们看起来比较冷漠，甚至有些木讷，可一旦刺激到他们的笑点，就会狂笑不已。这样的人，虽说在陌生人面前会表现得比较冷漠，不够热情，但对待自己的朋友，他们却又完全是另外一种态度了，他们重情义，为了自己的朋友甘愿牺牲自己。所以，很多人都很愿意跟他们交朋友。当然，他们交朋友是有一定条件的，不是任何人都能成为他们的朋友的。因此，如果你的生活圈里有这样的朋友，不妨试着走进他们的心灵，一旦成为朋友，那就是你人生中不可多得的财富。

※时常笑出眼泪的人

笑的时候笑出眼泪，是因为笑的幅度过大。经常这样笑的人，他们的感情生活往往比较丰富，具有爱心和同情心，乐于助人且不求回报。这样的人，生活态度积极向上，有一定的进取心和上进心。

※喜欢开怀大笑的人

这类人的性格不拘小节，动作大方。但忽冷忽热，遇有不如意的事，随即弃之不理，容易受他人的误解。在与众人接触之中，可以施展经商才能。在服务业，必有一番表现。他们属于行动派，一旦做出某项决定，就会马上付诸行动，行动迅速而果断，决不拖拖拉拉。

※小心翼翼偷着笑的人

这类人的性格像极了他们的笑，为人处世总是那么小心翼翼。他们大多性格内敛，比较传统、保守，在与人交往时，也难免羞涩。这类人，还喜欢在背后对别人议论纷纷。他们一般没有远大的理想和目标，一生都会在平庸中度过。

※跟随别人一起笑的人

这类人的性格往往比较开朗，属于感性化的人，他们的情绪波动较大，往往随环境的变化而此起彼伏。他们富有同情心，对生活持有积极乐观的人生态度。

※喜欢用手遮住嘴巴笑的人

掩口而笑的人，往往比较害羞，他们的性格大多比较内向，多见于女性，如果男性这样，给人的感觉就有些娘娘腔了。这类人不会轻易地向别人吐露自己的心声，对别人很有戒备心。

※笑起来断断续续的人

这样的笑声，在生活中似乎并不多见，但是，在生意场合，这样的笑声却是司空见惯的，虽说在笑，但给人的感觉很假、很冷。这类人，往往比较现实和实际，观察力极其敏锐，通过别人的言行，即可窥见别人的内心世界。然后投其所好，并找出对方的软肋，伺机攻之，最后取得成功。因此，如果你只是一位生意场上初出茅庐的"小生"，遇见这样的人，一定要小心谨慎。因此，当一个人冲你笑时，你一定要读懂笑容背后的真正含义，并不是每一种笑都代表着友好。

通常情况下，一个人发自内心地微笑时，他的嘴部肌肉就会产生相应的运动，眼睛上挤，眉毛微微下弯。只要你稍加注意，一个人到底在真笑，还是在假笑，或是冷笑，还是有办法区分的。真笑时，人的嘴角会向眼睛的方向上扬。这时候，脸部表情是松弛的、舒适的，并且富有情感。假笑，就是人们常说的"皮笑肉不笑"，是一种讨好的笑，或者称其为"礼貌的笑"，嘴角被拉向耳朵的方向，但是，眼睛中不会流露出任何的表情。冷笑时，脸颊的肌肉会将嘴角向耳朵的方向拉动，从而使脸部表现出嘲笑的表情，这种举动是表示对他人的蔑视，相对假笑而言，这种冷笑是比较好辨认的。

想必了解了这些之后，在以后的交际中，你会更加富有"心计"，透过他人的笑容，洞悉他人的内心世界，使自己在交际中掌握更多的主动和先机。

肩部与腰部的微动作，背后的情绪状态

肩部的动作可以表达攻击、威严、安心、胆怯、防卫等意思。美国的肢体语言研究学者鲁温博士分析说，向后缩的肩膀表示因积压的不平、不满而引起的愤怒；耸肩表示不安、恐惧；张开两手的肩膀代表责任感的强烈；向前挺出的肩膀代表压力重大引起的精神负担等。然而不论情况怎样，肩部均可特别视为象征男性尊严的部位。

除了男性以外，女性柔滑、狭小的肩膀属于娇媚的表现。第二次"世界大战"结束后，在"男女平等"口号的带动下，曾经一度流行在女性服装加入垫肩的"美国式时髦"。但是，那也只是主张男女平等的"坚强女性"最为崇拜的时尚。后来取而代之的，反而是强调"女人味"的"法国式时髦"，而这种演变的出现，是因为女性们感到柔滑狭小的肩膀，更能展示自己的形态美。就像男人需要宽厚的肩膀显示威武一样，女性也要用她们的肩膀呈现娇柔。男人将大衣或西装上衣搭在肩上走路，这是在下意识之中想体现"男性气概"。这种男人通常不会弯腰驼背、衰弱无力地走路，而是挺胸、迈开大步向前走。

不仅肩部动作能够表达一些含义，腰部同样拥有无声的语言，女性相对男性来说，要微妙得多。女性的腰，是除了臀部和胸部以外的性感符号，它常常是以无声的线条来表达的。线条和色彩是人类在有声语言之外，最具表现能力的无声语言。

※弯腰

见人即弯腰行礼是日本女性的见面语言，弯腰所形成的曲线是柔美的、温顺的、流畅的，从而形成一种光滑的外表，给人一种柔美的感觉。

※叉腰

把两手叉在自己的腰上，这种形象就像两只鸡斗架的形象。这是女性一种双向的对外扩张，表示出内心的愤怒和力量。

※仰腰

仰腰是一座不设防的"城市"，被称为女人的"无防备的信号"。如果女人坐在沙发里，用仰腰的形式对着异性，一般的情况有两种：一是对于眼前这个男人绝对信任、绝对尊重，她觉得他不会给自己带来伤害；二是女人的一种招数，她告诉眼前的男人"请跟我来"。

※扭腰

扭腰使腰呈现S型，这是性的象征。凡是女人扭腰或者扭动臀部，都蕴含了招惹异性的信号。这种语言，在女模特的身上，会经常看到。

一个人的坐姿，背后的性格特征

在生活中，每个人的坐姿都各具特色。坐姿也可能成为心灵的暗示。每一种看似无意的坐姿往往能反映当事人不同的性格和心理状态，在日常的人际交往中，你可以通过对方坐的方式、坐的姿态、坐的距离中窥探出对方的真实想法，了解对方的心理走向。

※古板挑剔型的坐姿

坐着时，两腿及两脚跟并拢靠在一起，双手交叉放于大腿两侧的人大多为人古板，从不愿接受他人的意见，有时候明知别人说的是对的，他们仍然不肯明确地表示赞同。

这类人明显缺乏耐心，哪怕只有几分钟的短会，他们也时常显得极度厌烦，甚至反感。

他们凡事都想做得尽善尽美，干的却又是一些可望而不可即的事情。他们对爱情和婚姻也都比较挑剔，表面上看起来这是慎重的表现，其实不然。

※聪明自信型的坐姿

喜欢此类坐姿的人，通常将左腿交叠在右腿上，双手交叉放在大腿两侧。他们具有较强的自信心，特别坚信自己对某件事情的看法。如果他们与别人发生争论，可能他们并没有在意与别人争论的观点的内容。

他们天资聪颖，总是能想尽一切办法并尽自己最大的努力去实现自己的梦想。虽然也有"胜不骄，败不馁"的品性，但当他们完全沉浸在幸福之中时，也会有些得意忘形。这类人的协调能力也很强，在圈子里总是充当着领导的角色。不过这种人有一个不好的习性，喜欢见异思迁，常常"这山看着那山高"。

※谦逊温柔型的坐姿

温顺型的人坐着时喜欢将两腿和两脚跟紧紧地并拢，两手放于两膝盖上，端端正正。这种人一般性格内向，为人谦虚，对于自己的情感世界很封闭。但他们喜欢替他人着想，很多朋友都对此感动不已。正因为如此，他们虽然性格内向，但他们的朋友却不少，因为大家尊重他们的为人，此所谓"你敬别人一尺，别人敬你一丈"。

※坚毅果断型的坐姿

有人喜欢将大腿分开，双脚脚跟并拢，两手习惯于放在肚脐部位，这种人有勇气，也有决断力。他们一旦考虑好了某件事情，就会立即去采取行动。在爱情方面，他们一旦对某人产生好感，就会去积极主动地表达自己的感情。不过他们的独占欲望相当强，喜欢干涉别人的生活。

※放荡不羁型的坐姿

有的人坐着时常常将两腿分开距离较宽，两手没有固定的放处，这是一种开放的姿势。这类人喜欢追求新意，偶尔成为引导都市消费潮流的"先驱"，他们对普通人做的事不会满足，总是想做一些别人不能做的事，或者不如说他们喜欢标新立异更为确切。

※腼腆羞怯型的坐姿

把两膝盖并在一起，小腿随着脚跟分开呈一个"八"字样，两手掌相对，放于两膝盖中间，这种人特别害羞，是典型的保守派。不过他们对朋友的感情是相当诚恳的，每当别人有求于他们的时候，只需打个电话他们就会效劳。

他们的爱情观也大多受传统思想的束缚，经常被家庭和社会的压力压得喘不过气来，而自己仍要遵循那传统的"东方美德""三从四德"等陈旧观念。

※悠闲随和型的坐姿

半躺而坐，双手抱于脑后，一看就是一副怡然自得的样子。这类人性情温和，充满朝气，从事任何职业好像都能得心应手，加之他们很有毅力，往往都能取得某种程度的成功。这种人爱学习但不求甚解，可能他们要求的仅是"学习"而已。

他们的另一个特点是积极热情、挥金如土，以至于他们时常不得不承受因处理钱财的鲁莽和不谨慎带来的后果。他们的爱情生活总体来说是比较快乐的，虽然时不时会被点缀上一些小小的烦恼。这种人的雄辩能力都很强，但他们并不是在任何场合都会表现自己，这完全取决于他们当时面对的对象。

总之，和周围的人在一起时，我们应学会从一个人的坐姿判断出他是什么类型的人。